Ralph Spiering

GEKONNT WACHSEN

Das Praxisbuch für Unternehmer, Manager und Macher

MURMANN | HAUFE.

»Life is like riding a bicycle.
To keep your balance you must
keep moving.«

Vorwort

Die Lemniskate verbindet

Olfert Dorka ist Landschaftsgärtner. Mit Leidenschaft und außerordentlichem Können. Er berät den »Naturpark Schwarzwald« und legt ganze Naturlehrpfade an. Ich durfte ihn 2008 kennenlernen und bat ihn bei dieser Gelegenheit, den kleinen Grünstreifen neben dem Sitz unserer Firmenzentrale zu gestalten. Als stimulierenden Außenbereich für unsere Mitarbeiter und für die Tagungsteilnehmer unserer »PS Akademie«.

Es ist ein wahres Kleinod unter seinen gestalterischen Händen entstanden: ein kleiner Teich mit bachähnlichem Zulauf und sprudelnder Quelle, ein halbrunder Platz mit Sitzsteinen und neben der Rasenfläche ein wohl immer noch einzigartiges Steinbalancefeld – eine Art Hochbeet gefüllt mit Sand und mit selbst erstellten Steinskulpturen bestückt. Ein Rundweg aus Kies, angelegt als **Unendlichkeitsschleife** in Form einer liegenden Acht (Lemniskate), verbindet diese besonderen »Stationen« miteinander.

Wasser – Steine – Bewegung – in der Übertragung alles typische Kennzeichen für ein Unternehmen: immer alles im Fluss, mitunter Steine im Weg, beständige Aktivität. So gestaltet sich doch – knapp zusammengefasst – der Unternehmensalltag. Dieser von Olfert Dorka bewusst in Form einer Lemniskate angelegte, nicht endende Garten- rundgang hat mich zu der hier im Buch verwendeten Symbolik in- spiriert. Wie die einzelnen Gartenpartien zusammen ein stimmiges Ganzes ergeben, so ist auch jeder Unternehmensbereich unbedingter Teil des Gesamtorganismus und als solcher stets zu pflegen und zu entwickeln.

Wie im Garten gilt auch im Unternehmen: Kümmere dich um das Ganze. Lasse keine Station auf der Lemniskate unbeachtet oder sie gar verkümmern. Gib jeder Station die Chance, gleich- mäßig mitzuwachsen.

Mit den besten unternehmerischen Wünschen,

Ralph Spiering
Januar 2020

Wie Sie Erfolg selbst steuern

Wer sich vornimmt, sein Unternehmen auf Erfolgskurs zu führen, auch nach zehn, 20 oder gar 40 Jahren noch aktiv am Markt gemeinsam mit loyalen Mitarbeitern gute Ergebnisse erzielt, hat nicht nur Glück. Er sammelt Erfahrungen, lernt dazu und trifft meist richtige Entscheidungen. Und nicht zuletzt plant er den Erfolg. Gelungenes Wachstum kommt nicht von ungefähr.

Dieses Buch beschäftigt sich mit unternehmerischem Erfolg, zeigt, wie gesundes Wachstum erreicht werden kann. Es versteht sich dabei nicht als Erfolgsbibel, sondern vielmehr als »Ideenkiste« und Anregung zum munteren Mitmachen. Ja, munter! Weil ich glaube, dass Wachstum oft zu verkrampft betrachtet, nur als Risiko empfunden wird. Warum sonst steht laut Umfragen für ein Drittel der kleinen und mittelständischen deutschen Unternehmen Wachstum gar nicht auf der strategischen Agenda und für ein weiteres Drittel nur bedingt?

Dabei ist selbst gesteuertes Wachstum so positiv – sofern es die Unternehmensgesundheit wahrt und nicht zum seelenlosen Selbstzweck verkommt. Gerade in Zeiten, in denen es um die ökologische und gesellschaftspolitische Mitverantwortung von Unternehmen geht, ist es gut, die qualitative Dimension des Wachstums zu betonen. Denn gesundes Wachstum steht im engen Verhältnis zu Sozialstaat, Arbeitsmarkt, Innovationskraft und Investitionen in Nachhaltigkeit, die allesamt ohne eine solide Wirtschaft kränkeln würden.

PRO WACHSTUM

Für Unternehmen ist ein Element des Wachstums die **Diversifizierung**. Denn wer mehrere und unterschiedliche Kunden, am besten aus verschiedenen Branchen, hat, ist sicherer aufgestellt. Und kann den plötzlichen Wegfall eines Kunden oder die Krise in einer ganzen Branche (wir erleben es gerade in der Automobilindustrie) besser verkraften. Genauso verhält es sich mit überregionalem Wachstum: durch Präsenz an mehreren Standorten in mehreren Regionen oder gar Ländern wird man unabhängiger.

Quantitatives Wachstum geht also einher mit **Sicherheit**. Wer groß ist, ist stabiler und auch nicht leicht aus dem Markt zu drängen. Er lässt sich nicht mal eben vom Wettbewerb »schlucken«. Und ist eine hohe Nachfrage vonseiten des Marktes nicht gerade auch ein attraktiver Beleg für Kunden wie für Mitarbeiter, mit dem oder für das richtige Unternehmen zu arbeiten? Aber Größe allein reicht nicht. Ein gesundes, gleichmäßiges Wachsen und Mitwachsen aller relevanten Bereiche ist wichtig!

Denn einseitiges Wachstum birgt **Risiken**. Falsch läuft es, wenn aufgrund von Mehrnachfrage die Qualität leidet, Mitarbeiter wegen Überlastung ausfallen, die Liquidität bei hohen Ausgaben und vernachlässigten Zahlungseingängen fehlt.

Firmen sind dafür heute anfälliger als noch vor vielen Jahren: Studien belegen, dass Firmen früher zu einem überwiegenden Anteil (zwei Drittel) resilienz- und nur zu einem Drittel effizienzgesteuert waren. Dieses Verhältnis hat sich heute gedreht. Firmeneffizienz steht vor Resilienz. Doch gerade diese positive Widerstandskraft eines Unternehmens gegen kurzfristige Engpässe und Ausfälle sichert den langfristigen Bestand eines Unternehmens. Mir geht es keineswegs um die Eindämmung der Effizienz, nein! Es geht um die **Erhöhung der Resilienz**, die stabile Gesundheit im Unternehmen. Sie ist das Ergebnis eines Reifeprozesses – der **qualitativen** Optimierung: gute Struktur, gutes Betriebsklima, gute Zahlen als Ziel.

FÜNF STATIONEN

Ich selbst stieg 1996 in das elterliche Unternehmen für Verpackungs-
dienstleistungen ein und habe es fünf Jahre später als Gesellschafter
übernommen. Damals mit rund 100 Mitarbeitern an drei Standorten
nahe Karlsruhe. Inzwischen hat das Unternehmen rund 30 Standorte mit weit über 1000 Mitarbeitern in Deutschland, Österreich
und der Schweiz. Ich bin daran gereift, empfinde Freude am Wachstum und teile sie gerne!

Apropos teilen: **Wer wachsen will, muss teilen können.** Verantwortung, Pflichten, Rechte, Entscheidungsspielräume. Das ist eine
Königsdisziplin. Und er wird nicht umhinkommen, sich kontinuierlich um die fünf wichtigsten Handlungsfelder zu kümmern:

1. **Kunden** gewinnen, Beziehung und Umsatz ausbauen. Ihnen aufmerksam begegnen und Verbundenheit durch Mehrwert schaffen.
2. **Mitarbeiter** auswählen, entwickeln, emotional binden und (be)
   fördern. Mit ihnen eine Struktur aufbauen und durch Wertschätzung einen Spirit schaffen, der für gute Ergebnisse und
   Lust auf Wachstum sorgt.
3. **Prozesse** als transparente Regeln und effiziente Systematiken
   definieren und dokumentieren.
4. **Finanzen** wie Kennziffern und Liquidität genau im Blick haben,
   sie als Spiegel und Schlüssel des Wachstums betrachten.
5. **Führung** durch ein Team an der Spitze, Top-Führungskräfte
   durch Vertrauen und Freiraum zu Mitunternehmern machen,
   Verantwortung und Aufgaben teilen, erst im Team gelingt
   Wachstum.

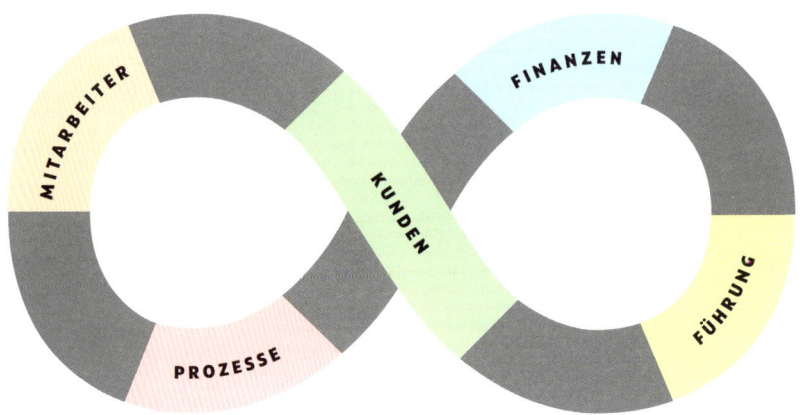

LEMNISKATE MIT STATIONEN *Genau diese Handlungsfelder bilden die fünf Stationen in diesem Buch. Und diese Stationen liegen auf der hier als Symbol verwendeten Unendlichkeitsschleife (auch **Lemniskate** genannt). Die »liegende Acht« steht für meine Überzeugung, dass Wachstum gelingt, wenn der Weg der Unternehmensführung ein Rundweg ist, der die fünf Stationen miteinander verbindet. Das heißt, als Unternehmer und Führungskraft konzentriere ich mich auf diese fünf Stationen, halte mich an keiner zu lange auf und behalte alle fünf im Auge. Bei Veränderungen und Wachstum passe ich jede einzelne an und entwickle sie weiter. Auch sorge ich dafür, dass die erreichten Erfolge erlebt und gefeiert werden.*

STEIGEN SIE EIN

Der Unternehmer ist der Jongleur, der diese fünf Stationen im Führungsalltag wie Bälle in ständiger Bewegung hält. Und fällt ein Ball einmal auf den Boden – einfach aufheben, um ihn danach noch sicherer im Spiel zu halten. Auch Fehler bringen weiter. Dieses Buch will Sie unterstützen. Mit 25 Prinzipien, also praxiserprobte Haltungen, die zusammen mit den beschriebenen Methoden, Tools und wohlüberlegten Taktiken nachweisbar zum Erfolg geführt haben.

Die Anregungen können – wenn auch sicher nicht eins zu eins – in jedem kleinen und mittelständischen Unternehmen (KMU) umgesetzt werden. Spielen Sie die Prinzipien für Ihr eigenes Unternehmen durch und passen Sie sie an Ihre speziellen Erfordernisse an – ohne Zeitdruck und ohne einen mechanischen Ablauf daraus zu machen.

Auch für das Buch gilt, dass es nicht schematisch von Anfang an gelesen werden muss. Steigen Sie ein, wo Sie mögen, springen Sie nach eigenem Interesse quer durch die Stationen. Beginnen Sie dort, wo Sie für sich derzeit den größten Handlungsbedarf sehen. Aber lassen Sie keine Station auf der liegenden Acht aus. Besuchen sie alle und entwickeln Sie sie bei jeder Runde weiter. Alle fünf sind gleich wichtig und halten Sie und Ihr Unternehmen auf Dauer im Gleichgewicht. Die Lemniskate dient dabei als Roadmap.

Zwei Extras gibt es zum Buch dazu – Sie finden beigefügt fünf Karten mit den jeweiligen Kernaussagen zu den Stationen – als Reminder und Mutmacher für Entscheidungen. Außerdem einen Plan zum Auffalten als Veranschaulichung und mit Platz auf der Rückseite, um Ihre persönlichen Ideen darauf festzuhalten.

Auf der Website gekonnt-wachsen.com können Sie sich beziehungsweise Ihr Unternehmen zudem bei einem Kurzcheck selbst einschätzen. Dort finden Sie auch weitere Zusatzinformationen, wie beispielsweise erklärende Grafiken und Abbildungen zu den in diesem Buch mit dem Icon ↗ gekennzeichneten Passagen. Verwenden Sie das Passwort »Buch1« und bedienen Sie sich!

PS: *Frauen und Männer sind in Führungspositionen zu Hause. Aus Gründen der besseren Lesbarkeit verwende ich jedoch hier – im Bewusstsein, alle Genderformen gleichermaßen anzusprechen – nur eine Form (Mitarbeiter, Unternehmer, Kunde etc.).*

KUNDEN

MITARBEITER

PROZESSE

FINANZEN

FÜHRUNG

KUNDEN

Jedes Unternehmen hat einen Boss – den Kunden

Mit guten Beziehungen stark werden

»Schön, dass Sie da sind.« So ist auf großen Schildern an einigen unserer Standorte zu lesen und unsere grundlegende Haltung zum Ausdruck gebracht: »Kunde, du bist willkommen!« Mit deinen Wünschen und Problemen und mit deinen Fragen. Denn gäbe es die offenen Fragen bei unseren Kunden nicht oder könnten sie ihre Aufgaben allesamt selbst lösen, so bräuchte es uns auch nicht als Lieferanten und Dienstleister!

Jedes Geschäftsmodell beruht darauf, dass einer etwas nicht selbst machen will oder kann und einen anderen braucht, der dieses »Etwas« anbietet. Hier kommen wir ins Spiel. Hier stehen wir als Unternehmen mit unserer Expertise – dem speziellen Etwas – bereit.

Der Kunde ist nie nur Kunde. Er ist es, aus dem die Daseinsberechtigung für unser Geschäft resultiert. Genau aus diesem Grund sollten wir dem Kunden mit großer Aufmerksamkeit begegnen. Und wir sollten unsere Kunden passgenau wählen, um damit uns selbst und unserer eigenen Firmengesundheit zu dienen. Für mich hat die gesunde, solide Entwicklung des eigenen Unternehmens oberste Priorität: Denn sie dient dem Kunden. **Sind wir stark, sind wir stark für den Kunden.** Daher achten wir auf unsere Ressourcen, unsere Versprechen und auch auf Haftungsrisiken. So sind wir über Jahre und Jahrzehnte an unseren Kunden gewachsen, mit und für sie gesund und stark geblieben.

In diesem Kapitel möchte ich zeigen,
- warum Persönlichkeit und Präsenz Kunden am meisten anspricht,
- wie Verbundenheit auf Augenhöhe erzeugt werden kann,
- auf welche Weise flexibel zu bleiben Freude macht,

- warum die besten Mitarbeiter am Tor zum Kunden stehen sollten,
- woran Sie erkennen, ob Ihre Ressourcen zielgerichtet für die richtigen Kunden eingesetzt werden.

Die fünf Prinzipien dieser Station sollen als Grundlage dienen, damit Wachstum Freude macht und für alle Beteiligten ein gesundes Geschäft ist. Freuen Sie sich über das, was Sie neu entdecken werden und das, was Sie bereits kennen und Sie bestätigt.

Das Magnet-Prinzip

Kunden anziehen – persönlich und präsent

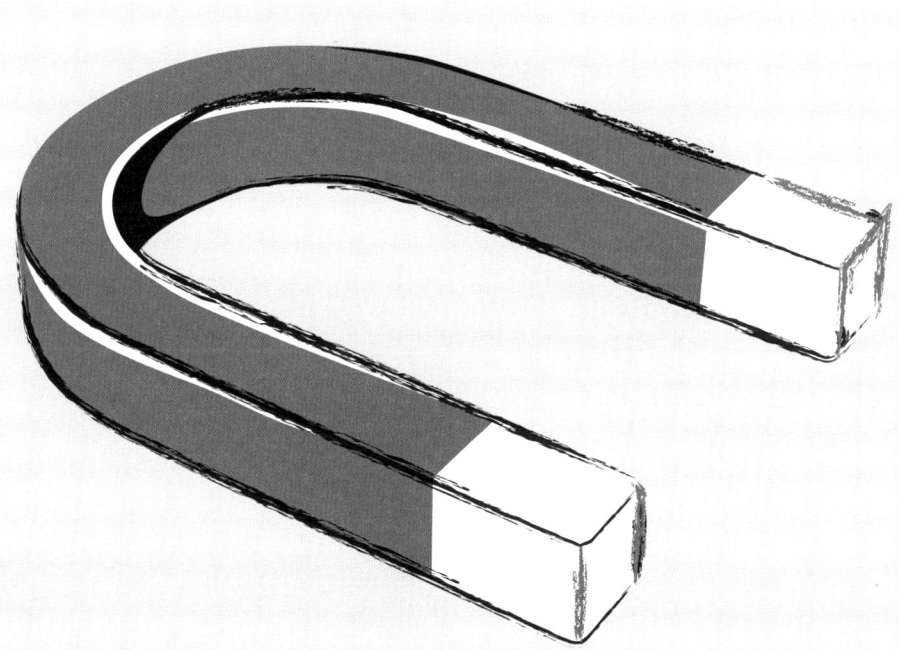

Creme 21 gehört nicht zu den ganz großen Marken, hat dafür aber eine starke Ausstrahlung. Sie wirkt nicht nur auf der Haut, sondern geht förmlich darunter. Antje Willems-Stickel erwarb 2003 von Henkel die Markenrechte für die jahrelang vom Markt verschwundene Pflegecreme und erweckte sie aus dem Dornröschenschlaf. Seitdem behauptet sich das eigentümergeführte Unternehmen gegen die Produkte der Kosmetikindustrie aus der ganzen Welt – im Ausland mehr als im Mutterland Deutschland. Und das sollte sich ändern.

Ich lernte die Geschäftsführerin am Rande eines Verpackungskongresses kennen: Wir führten eines dieser typischen Pausengespräche, bei denen es weniger darum geht, wer man ist oder was man macht, als um **persönliche** Interessen und Atmosphärisches. Dass sie als Chefin der knallorange gehaltenen Marke Creme 21 gerade von der Frage umgetrieben wurde: »Wie präsentiere ich meine Produkte erfolgreich in deutschen Drogeriemärkten?«, und ich als Inhaber eines Verpackungsdienstleisters genau dafür die passenden Lösungen anbieten kann, war ein schöner Zufall. Das erkannten wir, als wir unsere Visitenkarten austauschten.

Einige Wochen später ergab sich aus dieser Begegnung eine erste konkrete Anfrage. Der Hintergrund dafür war, dass ein namhafter Drogeriemarkt Creme 21 Regalplatz in seinen Filialen angeboten hatte. Dies unter der Voraussetzung, dass innerhalb eines vorgegebenen Zeitraums eine bestimmte Anzahl des Produktes im Markt gekauft wird. Für diesen Testlauf würde die Ware zunächst noch nicht *im* Regal, sondern *daneben* stehen in einem sogenannten Display, einem mannshohen Aufsteller aus Pappe, wie man es zum Beispiel von Weihnachtsaktionen mit Schokolade her kennt.

Gesagt – getan. Wir lieben solche Herausforderungen und genie-
ßen es, für ein begeisterungsfähiges Gegenüber anzupacken. Wir entwickelten und bestückten sehr attraktive Verkaufsdisplays und stellten sie dem Handel zur Verfügung. Creme 21 bestand den Test! Viel
schneller als vorgegeben waren die Produkte aus der Zweitplatzie-
rung in den Märkten gekauft worden – womit der feste Platz im Regal sicher war.

Bei einem nächsten Besuch in der »Kreativ-Villa« von Creme 21 –
einem wunderschönen Altbau in einer hessischen Stadt, in der das
Führungs- und Marketingteam arbeitet – nahm das Gespräch einen
interessanten Verlauf. Es ging gar nicht um einen konkreten neuen
Auftrag, sondern um grundsätzliche Themen, die der Unternehmerin unter den Nägeln brannten: Wir diskutierten über alternative
Vertriebswege, personalisierte oder saisonale Produktetikettierung,
neue Absatzideen bis hin zur Produktpräsentation auf Kreuzfahrt-
schiffen.

Im Verlauf dieses zweistündigen Gesprächs begann unsere Kun-
din ihre Einschätzung unseres Unternehmens zu ändern: In dem
zwar kompetenten, aber austauschbaren Lieferanten erkannte sie
nun offensichtlich einen Dienstleister, der sich feinfühlig in ihre
Markenwelt und Bedarfslage eindenkt, dabei kreative und pragma-
tische Ideen aufzeigt und sich mit Herzblut und Enthusiasmus für
ihre Produkte und ihr Unternehmen engagiert.

GUTE ZUHÖRER BIETEN BESSERE LÖSUNGEN

Erst gutes Zuhören ermöglicht passgenaue Beratung. Und diese wiederum erhöht die Bereitschaft des Kunden, gemeinsam Ideen weiterzuentwickeln. Idealerweise zu einem frühen Zeitpunkt der Planungen. Wer also die Wünsche, Herausforderungen und Strategien seiner Kunden erfragt und erkennt, kann frühzeitig interessante Lösungen anbieten. Das tiefere Verständnis des Kunden entfacht eine, wie ich es nenne, **magnetische Wirkung**.

Ob geschäftlich oder privat: Menschen fühlen sich angezogen von jemandem, der auf ihrer Wellenlänge funkt, der zuhören, sich einfühlen und nachfragen kann. Grundlage dafür ist die innere Haltung, eine Überzeugung und kein aufgesetztes Spiel. Keine abfälligen Bemerkungen über andere, sondern Demut und **Wertschätzung**, echtes Interesse am Kunden, an dessen Produkten beziehungsweise Leistungen und den damit verbundenen Zielen. So entsteht über die Zeit eine Beziehung mit **Bindungskraft** zum Kunden. Wie die Kraft eines Magneten – unsichtbar, aber wirksam.

Nicht immer zielt diese Beziehung übrigens auf den direkten Auftrag ab. Manchmal geht es nur um eine gute, für den Kunden wertvolle Empfehlung oder einen **Impuls**, auch für etwas, das ich selbst gar nicht anbieten oder durchführen kann, das aber zur Lösung seines Problems beiträgt. Wenn der Kunde mit meinem Tipp dann sein Ziel erreicht, werde ich als Ratgeber **präsent** und darüber mit ihm verbunden bleiben.

Von meinem Geschäftsführer in Österreich, der es besonders versteht, Kunden magnetisch anzuziehen, habe ich die Maxime gelernt: **Über Zeugen überzeugen.** Der Gedanke dahinter ist, dass gut verlaufende Projekte und zufriedene Kunden die beste Wirkung entfalten, um neue Kunden aufmerksam zu machen. Gute Referenzen erzeugen Vertrauen in die Kompetenz. Und da sich Vertrauen üblicherweise sehr langsam aufbaut, wirkt ein konkreter Verweis auf bestehende Kundenbeziehungen wie ein Turbo.

Was viele unterschätzen: Um überhaupt erst einmal einen Präsentationstermin bei einem neuen Interessenten zu bekommen, braucht es Fleiß und Durchhaltevermögen. Wenn ich in den elektronischen Kalender unserer Vertriebsmitarbeiter sehe, dann erkenne ich lauter Kurztermine: Anrufe, Wiedervorlagen, Rückmeldungen, Nachfassen. Das zeigt mir, wie genau sie wissen, dass der einmalige Kontakt bei einem Interessenten nicht ausreicht.

NEIN MUSS NICHT NEIN BLEIBEN

Unternehmen, die »Nein« sagen, meinen damit nicht unbedingt grundsätzlich »Nein«, sondern entweder »**So nicht**« oder »**Noch nicht**«. Sie stellen unseren Vertrieb also mit ihrem Nein lediglich vor die Aufgabe, unsere Leistung anders beziehungsweise zu einem anderen Zeitpunkt anzubieten.

Wenn wir nach einer Absage den Interessenten ad acta legen – was drückt das aus? Desinteresse an diesem potenziellen Kunden. Dabei steht dieser Interessent wahrscheinlich immer wieder vor Aufgaben und Problemen, deren Lösung wir beherrschen! Er wird, solange er an unsere Branche Aufträge vergibt, immer Interesse an leistungsfähigen, kundenorientierten Partnern wie uns haben. Und wenn wir dranbleiben, wird es irgendwann den richtigen Zeitpunkt geben für unsere Unterstützung mit dem passenden Service oder Produkt. Und dann geht nach vielem Anklopfen die Tür auf, tritt also der Moment ein, den wir nicht erleben könnten, würden wir uns beim ersten Nein für immer abwenden.

Auch hier heißt es daher: Bleiben Sie präsent. Wer sich nach einem Nein gleich wegduckt, wird bei einem später aufkommenden Ja nicht mehr gesehen. Wer dagegen weiterhin stets freundlich Interesse zeigt, den ruft man im passenden Moment auch zurück.

DIE ERSTEN SEKUNDEN ENTSCHEIDEN

Bei der Firmenpräsentation eines Verpackungsherstellers in unserem Haus fiel es mir wie Schuppen von den Augen. Er startete mit der Beschreibung seiner Standorte, der Größe seiner Produktionsflächen und der Firmenhistorie. Auch nach zehn Minuten Präsentation war mir noch nicht klar, welche Produkte und Leistungen er genau anbietet – und ob er mir überhaupt helfen kann! Und ich dachte mir: Wenn wir das auch so machen, werden sich unsere Kunden ebenso langweilen wie ich gerade. Sie werden mit ihren Gedanken ganz schnell woanders sein, sodass die Inhalte der Präsentation gar nicht mehr ankommen.

Nicht umsonst besagt der sogenannte **Elevator Pitch**, dass nur 30 Sekunden Zeit bleiben, um zu überzeugen. Denn dann ist der Fahrstuhl angekommen und ihr Gesprächspartner steigt aus – entweder interessiert an einem weiteren Gespräch oder ablehnend. Deshalb gilt es, sofort auf den Punkt zu kommen. Bieten Sie dem Kunden Nutzen, Mehrwert, Referenzen. Und fangen Sie spannend an – zum Beispiel mit *seinem* Produkt und der Überlegung, was man daran konkret verbessern kann.

EIN BISSCHEN ANDERS UND EIN BISSCHEN SORGFÄLTIGER

Wenn es stimmt, was allenthalben festgestellt wird, dass nämlich »der Service immer schlechter wird«, dürfte es gar nicht so schwer sein, besser (als andere) zu sein. Ein bisschen mehr zu bieten, ein bisschen anders aufzutreten reicht häufig schon. Setzen Sie sich ab, dann sind Sie auch nicht beliebig austauschbar. Wo vergleichbare Anbieter auf dem Markt sind, regiert nur noch der Preis. Und wenn der verfällt, gerät die Firmengesundheit in Gefahr – ein Teufelskreis beginnt.

Auch in der Natur gilt: **Differenzieren** sichert Überleben. Nicht bei Monokulturen, wie dem reinen Laubwald oder Nadelwald, sondern beim Mischwald ist die Waldbrandgefahr am geringsten.

Im Dienstleistungssektor macht die Art und Weise der Leistungserbringung den Unterschied. Der Friseur »Head-Palace« mit Kopfmassage und Cappuccino zieht andere Kunden an als »Quick-Hair«. Der Umzugsservice, der sich vor Betreten der neuen Wohnung Überschuhe anzieht, selbst mit dem sperrigsten Ungetüm von Schrank nicht die winzigste Schramme hinterlässt und am Ende noch sämtliche Verpackungen entsorgt, differenziert sich. Er wird weiterempfohlen, auch wenn die Kosten höher sind.

Es gibt viele Ansatzpunkte, sich mit seinem Service oder seinen Produkten zu differenzieren. Wobei auch hier zu beachten ist: nicht aufgesetzt, sondern aus Überzeugung mehr bieten!

Wir haben uns in unserem Unternehmen ein paar Regeln zu eigen gemacht, die unseren Kunden Wertschätzung – »Schön, dass Sie da sind!« – zeigen sollen:

- Wir achten peinlichst darauf, dass unsere **Besucherparkplätze** unbesetzt sind, wenn wir Kundenbesuch erwarten. Denn keinen Parkplatz vor der Türe zu bekommen, bedeutet Stress für die Besucher und kann auf die Stimmung des Meetings gleich zu Beginn negativ wirken!

- Wir begrüßen unsere Kunden mit ihrem Namen und ihrem Firmenlogo auf einem **Bildschirm** am Eingang. So fühlen sie sich als Gäste erwartet.

- Wenn es schon heißt: »Die Liebe geht durch den Magen«, dann stimmt umso mehr: Werden Hunger und Durst gestillt, ist die Laune besser. Das gilt gerade im hektischen Geschäftsalltag, in dem Pausen und Mittagessen gerne unterbewertet werden. Wir bieten Besuchern, die eine Anreise von mehr als 45 Minuten hatten, ungefragt vor dem Beginn des Meetings kleine **Snacks** oder Butterbrezeln an.

- Und wir bereiten natürlich auch Tee oder Cappuccino zu. Kaum eine Investition der vergangenen Jahre hat sich aus meiner Sicht so bewährt wie die in unsere hochwertige **Kaffeemaschine**. Für unsere Mitarbeiter, aber genauso wichtig für die Besucher. Einen Espresso macchiato oder Milchkaffee anbieten zu können, erzeugt immer wieder positive Wirkung. Und wer sich sogar den Kaffeewunsch seines Kunden für das nächste Mal merkt, spielt in der Oberklasse der Serviceorientierung. Wenn der Gastgeber fragen kann: »Möchten Sie wieder einen doppelten Espresso?«, fühlt sich der Kunde willkommen!

Alle Jahre wieder

Weihnachten. Zeit der Dankeskarten und Präsente. Alle Jahre wieder senden Unternehmen Weihnachtspost an Hunderte Kunden aus. Das machen fast alle so. Auch hier können Sie einen Unterschied machen!

Trotz digitaler Welt: Standardisierte Gruß-E-Mails eignen sich meines Erachtens als freundliche Aufmerksamkeit *überhaupt* nicht. Es kostet den Absender zwar nur einen Klick, füllt aber auch nur höchst unpersönlich die Postfächer der Adressaten.

Als persönlichere Alternative empfehle ich Weihnachtskarten und darauf zusätzlich den Namen des Absenders gedruckt erscheinen zu lassen, weil Unterschriften von Hand oft schwer leserlich sind. Der Empfänger soll ja erkennen können, wer aus dem Unternehmen an ihn gedacht hat. Generell gibt es bei Karten und Präsenten ein besonderes Kriterium für mich: Nicht das Motiv der Weihnachtskarte, die Rebsorte des Weines und auch nicht die Güte der Verpackung – obwohl ich ja aus der Branche bin und darauf achten sollte – sind von Bedeutung! Nein, was zählt, ist die **persönliche Note**! Zum Beispiel ein paar persönlich gehaltene Worte, vielleicht sogar handschriftlich vermerkt! Wirkt nicht schon ein selbst geschriebener Satz wie »Frohe Weih-

→

27

→ nachtszeit, Herr Müller!« viel sympathischer und persönlicher als der Kartenaufdruck »Frohe Weihnachten« in
26 Sprachen?

Ja, das macht Arbeit. Und es kostet einiges an Zeit. Aber für
mich ist das eine Entscheidung für Stil. Für **Maßanfertigung
statt Masse**. Für Wertschätzung statt »Wurschtigkeit«.

Solche Gesten zeigen, mit welcher **Haltung** wir unseren Kunden begegnen. Persönlich und präsent. Ich bin überzeugt, dass ein Kunde
erkennt und unterscheiden kann, ob und wie wichtig er genommen
wird. Und das möchte er ja gerade dann, wenn es um seinen Auftrag
geht. Große Konzerne suchen sich auch deswegen kleinere Dienstleister als Partner, weil sie dort die persönliche Betreuung bekommen, die »Nummer eins« sind und ihre Bedürfnisse Vorrang haben.
Wer es schafft, jedem Einzelnen seiner Kunden dieses Gefühl zu geben, hat definitiv mehr Erfolg.

Allen Compliance-Richtlinien dieser Welt zum Trotz, allen Kon-
zernen, die ihren Mitarbeitern untersagen, einen Schokoweihnachts-
mann vom Lieferanten anzunehmen, allen Unternehmen, die die
Besetzung ihrer Einkaufsabteilung häufig wechseln, damit nur ja
keine persönlichen Kontakte aufgebaut und Entscheidungen durch
etwas anderes als den Preis beeinflusst werden, sei gesagt: Auf
Kundenseite fühlen sich die Verantwortlichen mit ihrer Aufgabe in
dauerhaften Geschäftsbeziehungen besser aufgehoben als in flüch-
tigen.

Denn auch bei ihnen läuft nicht immer alles nach Plan. Kunden brauchen Partner auf der Anbieterseite, die sich um Besonderheiten kümmern. Die **Sicherheit**, **Vertrauen** und **Verständnis** bieten können und wirklich passende Lösungen statt preisoptimierter Halbherzigkeiten. Die das gute Resultat erzielen – und den Erfolg des Kunden sichern. Geschäfte werden bekanntlich nicht zwischen Unternehmen gemacht, sondern immer zwischen Menschen.

Kompetente Persönlichkeit und aufmerksame Präsenz erzeugen Vertrauen, das nur im offenen und respektvollen Umgang entstehen kann. Und letztlich gibt es gegen böse Überraschungen kaum eine bessere Versicherung als vertrauensvolle Geschäftsbeziehungen mit gegenseitiger Wertschätzung.

PRAXISTIPP

- Nehmen Sie an Kongressen sowie branchenbezogenen Symposien oder auch an **Veranstaltungen** wie Firmenjubiläen, Standorteröffnungen etc. teil. Dies bietet eine gute Gelegenheit, im lockeren Umfeld spannende Menschen kennenzulernen, die interessante Firmen vertreten. Und die selbst auch auf der Suche nach Lösungen, Anregungen und Kontakten sind und daher offen für ein Gespräch. Solche Plattformen sind ideal, weil der Mensch im Vordergrund steht.

$\rightarrow$

→
- Sprechen Sie bei einem ersten Gespräch auch über **persönliche Interessen**. Ich rede zum Beispiel gerne über Tee oder Wein – da kenne ich mich ganz gut aus. Und das Thema ist anziehend, nicht aufdringlich. Nach dem Austausch mit einem wirklich angenehmen Kontaktpartner, senden Sie ihm doch etwas zum Gespräch Passendes zu. Das zeigt Interesse und Wertschätzung und bleibt zudem sehr viel besser im Gedächtnis haften als die nachgesandte Firmenbroschüre!

- Achten Sie beim Kundenkontakt auf die vermeintlich selbstverständlichen Dinge wie **Pünktlichkeit**, Offenheit, Zuhören und Freundlichkeit. Auch damit kann man sich in unserer hektischen Zeit positiv abheben.

- Schaffen Sie eine Atmosphäre des **Willkommens**, wenn Kunden Sie besuchen.

- Nutzen Sie Gelegenheiten, **persönlich** zu schreiben.

Machen Sie sich das Magnet-Prinzip noch einmal bewusst: Jeder Magnet hat zwei Seiten. Eine zieht an, die andere stößt ab. Welche Seite möchten Sie zeigen?

DIE ANZIEHENDE MARKE ALS ZIEL

Damit Kunden und weitere Interessenten von unseren positiven Eigenschaften erfahren und Lust haben, sich auf eine Verbindung einzulassen, braucht es **Bekanntheit**, **Relevanz** und ein starkes **Image**. Ein solches Image entsteht von innen – als logische Konsequenz von guten Produkten und guter Kundenbetreuung. Aber es braucht zur Bekanntheit den überzeugenden Auftritt – persönlich aber auch durch gelungene Werbematerialien, eine attraktive Website, interessante Pressetexte, ein Kundenjournal im Print- oder Online-Format. Auf irgendeine Weise müssen ja die USPs, die einzigartigen, besonderen Verkaufsmerkmale der eigenen Leistungen, in die Welt getragen werden. Und dies überzeugt wiederum auch die »Zeugen« selbst.

Nicht zu unterschätzen dabei ist auch die Kraft des eigenen **Logos**. Mein Tipp: Achten Sie auf eine attraktive Bildmarke. Diese kann zum Beispiel auf Werbemitteln einzeln stehen und erinnert Kunden, auch ohne den Namenszug zu sehen, an das Unternehmen. So modernisierten wir 2007 das vor über 25 Jahren eingeführte Logo und gaben uns eine zusätzliche Bildmarke. (⬀ siehe Abb. 1 – *Logo alt und neu*)

Warum nicht auch als KMU das Ziel verfolgen, das eigene Unternehmen in der Branche als **Marke** zu etablieren? Als »Persönlichkeit«, mit der die Kunden besondere Merkmale verbinden. Das war immer auch mein Wunsch. Im Zusammenspiel der hier beschriebenen Prinzipien ist uns das in unserer Branche über die Jahre gelungen. Und nach außen sichtbar wurde dies dank unserer Marketingleiterin, die Website, Messestand, Werbemittel, Events und Präsenz in den Fachmedien auf ein neues Niveau brachte. Sodass wir zuletzt in einem Artikel der *Süddeutschen Zeitung* zum Beispiel als »Verpackungskünstler« betitelt wurden.[1]

1   *Süddeutsche Zeitung* vom 05.12.2019.

2

Das Reißverschluss- Prinzip

Kunden brauchen Geschäftspartner auf Augenhöhe

Der Kunde ist König. Nach diesem Motto handeln immer noch viele Unternehmen und treffen ihre Entscheidungen. Doch ist diese Haltung einer positiven Kundenbeziehung wirklich zuträglich? Ich persönlich bin überzeugt, dass der Kunde gar nicht König sein will, sondern schlicht erfolgreich. Dafür braucht er **Partner** – selbstbewusste, intelligente, mitdenkende Spezialisten, die ihr Wissen und ihre Erfahrungen einbringen und dabei auch gerne mal den Kunden hinterfragen. Für ein besseres Ergebnis!

Natürlich haben auch Kunden ihr ausgeprägtes Selbstbewusstsein. Am Markt ist der Kunde nun mal ein anspruchsvoller Boss. Jedoch ist er nicht der Alleinherrscher, der den Kniefall erwartet. Seriöse Kunden wollen nicht von »Untertanen« bedient werden, die jeden Auftrag ohne eigene Meinung, blind und sklavisch ausführen. Gute Kundenbeziehungen sind partnerschaftlich, auf Augenhöhe.

BESSERES ERGEBNIS

Wer sich als Partner des Kunden versteht, hat dessen Wohl im Auge. Er will das bessere Resultat für ihn erzielen, das durch seine Expertise noch wertvoller wird.

Ein Beispiel: Im Auftrag eines internationalen Getränkeherstellers sollten wir in Kartons mit jeweils sechs Flaschen Likör zusätzlich ein bedrucktes T-Shirt als kostenlose Zugabe für den Getränkehändler aufpacken. Der Vorschlag des Kunden war, den Getränkekarton aufzuschneiden, das T-Shirt auf die Flaschen zu legen und den Karton wieder zu verschließen. Der Preis war schnell ermittelt.

Wir meldeten Bedenken an, schlugen einen zusätzlichen Pappzuschnitt über dem T-Shirt vor als Schutz vor dem Teppichmesser, mit dem der Karton beim Getränkehändler aufgeschnitten wird. Der Liefertermin wäre etwas länger, ebenso wäre der Preis etwas höher. Unser Ziel war, ein besseres Resultat zu garantieren.

Der Kunde zögerte, vergab schließlich nur die Hälfte der Auflage an uns und die andere an einen günstigeren Wettbewerber, der – wie vom Kunden vorgegeben – ohne schützenden Pappzuschnitt auslieferte. War unser Vorgehen nun richtig? Immerhin verloren wir 50 Prozent des Auftrages!

Wochen später rief der Kunde an. Er berichtete, dass von seiner Gesamtauflage nur etwas mehr als die Hälfte der T-Shirts beim Öffnen der Kartons unversehrt geblieben war. Aus unserer Lieferung blieben 100 Prozent unbeschädigt. Die vermeintlich günstigere Version ohne Schutzpappe kam ihn nun wegen notwendiger Ersatzlieferungen mit neuen T-Shirts um ein Vielfaches teurer als unser Mehrpreis – vom Imageverlust bei den enttäuschten Getränkehändlern ganz abgesehen. Die klare Botschaft des Kunden lautete: »Nächstes Mal bauen wir auf Ihre Erfahrung!«

Selbstbewusster, **mitdenkender Partner** des Kunden zu sein, zahlt sich langfristig aus. Zugegeben, mit dieser Überzeugung kommen wir vereinzelt auch an unsere Grenzen. Zum Beispiel, wenn ein Kunde doch König sein will und sich nicht um die berechtigten Anliegen seines Lieferanten schert. Oder das Geschäft ein einseitiges wird, ein »Win« statt ein »Win-win«. Im Sinne unserer Firmengesundheit können wir uns das auch nicht leisten. Dann braucht es Kraft und **Standvermögen**! Uns geht es um echte Verbundenheit in Wertschätzung und Respekt auf Gegenseitigkeit.

AUGENHÖHE SCHAFFT
KUNDENVERBUNDENHEIT

»Herr Spiering, Sie wissen, dass die klassische Lebensdauer einer Kunden-Lieferanten-Beziehung maximal sieben Jahre beträgt?!«, sagte der Europa-Chef eines bedeutenden Pharmakonzerns – ein für uns sehr wichtiger Kunde. Nun, wir waren bereits seit 16 Jahren in guter Beziehung. »Warum sind Sie eigentlich seit so langer Zeit fester Bestandteil unserer Aktivitäten?«, fragte er und sein Gesicht erhellte sich. »Weil Sie uns verstanden haben!«

Wir sind im besten Sinne ein Paradebeispiel für Langeweile. Kunden, darunter auch Weltkonzerne, für die viele Dienstleister gerne tätig wären, vertrauen schon seit 20, 30 und fast 40 Jahren auf uns. Eben eine lange Weile! Ohne Frage ist die Akquisition von Neukunden wichtig für gelingendes Unternehmenswachstum. Aber mindestens genauso essenziell ist die respektvolle **Pflege von Bestandskunden**. Aus dem Vertrieb weiß man, dass es wirksamer und sogar »einfacher« ist, bestehende Kunden zu halten als neue zu gewinnen. (↗ siehe Abb. 2 – *Kosten Kundenakquise*)

Im Geschäftsalltag wird allerdings oft genug die Wertschätzung von Bestandskunden vernachlässigt. Vielleicht auch, weil das herkömmliche Verständnis von Kundenakquise und -bindung dem eines Zeitschriftenabos ähnelt. Der Neuabonnent einer Zeitschrift wird mit Sonderpreis, Zusatzgeschenk und kostenfreier Testphase umworben. Schließt er dann ab und zahlt fünf Jahre lang für die Lieferung der Zeitschrift, passiert nichts mehr. Kein Treuedankesschreiben, kein Jubiläumsrabatt, kein Präsent. Ist das nicht merkwürdig und auch manchmal ärgerlich? Es wird hingenommen, weil man sich an die Zeitschrift gewöhnt hat, sie schätzt. Ja, Kunden fühlen sich in langfristigen Geschäftsbeziehungen wohler als in kurzlebigen – wünschen aber auch den persönlichen **Vorteil** daraus.

Unternehmen können sich nicht rein auf die Beharrlichkeit ihrer Bestandskunden verlassen. Denn auch zufriedene Kunden suchen nach neuen Wegen, wenn sie sich nicht (mehr) verbunden fühlen.

Nicht weil Kunden an einen Lieferanten gebunden sind, sondern weil sie ihm **verbunden** sind, bleiben sie als Kunden treu. Das ist der feine Unterschied. Und der hat übrigens sehr stark mit den Menschen im Unternehmen, mit den Ansprechpartnern zu tun. Kunden bleiben, wenn ihnen **Aufmerksamkeit** und **Empathie** entgegengebracht werden, sie sich verstanden und gut aufgehoben fühlen.

Zusätzlich gestärkt wird die Verbundenheit, wenn dem Kunden bewusst wird, dass er mehr bekommt! Dass sein Dienstleister für ihn **Zusatzleistungen** erbringt. Das lässt seine Verbundenheit wachsen.

MEHRWERT DURCH EXTRAMEILEN

Um bei Kunden zu punkten, sollte man Mehrwert geben. Sonderleistungen machen den Preis preiswert. Wir nennen das die **Extrameilen**.

Wir erleben es immer wieder – ob im Restaurant, beim Bäcker, in der Wäscherei: Es gibt Momente, da denken wir, wir sollten den Anbieter schleunigst wechseln. Und es gibt Momente, in denen wir uns bestätigt fühlen, dass es gut ist, gerade hier Kunde zu sein. Wegen des Mehrwerts.

Ein Beispiel: Wir haben verschiedene Automarken im Mitarbeiter-Fahrzeugpool, wobei *ein* Händler heraussticht. Seine Extrameilen

sind unter anderem die kostenlose Autowäsche innen und außen nach
einer Inspektion, die Abholung des Firmenwagens und das Stellen
eines Ersatzfahrzeuges. Der faire Umgang mit Nutzungsspuren bei
Rückgabe des Leasingfahrzeuges. Die Bereitschaft, bei Bedienungs-
fragen telefonisch zu helfen und sogar persönlich zu kommen, um am
Wagen etwas zu erklären. Die Liste ist verlängerbar und insgesamt
ein guter Grund, warum wir mit diesem Händler seit rund 20 Jahren
verbunden sind. Und es gibt wahrlich noch mehr attraktive Automarken.

Dass ich als Geschäftsführer diese Vorteile aufzählen kann, ist gar
nicht so selbstverständlich. Aber ich fahre selbst einen Wagen dieses
Händlers, so betreffen mich die »Goodies« direkt und ich weiß, was
ich an diesem Lieferanten habe. Doch häufig kennen die **Entscheider** in Unternehmen die Extrameilen ihrer Lieferanten aus dem
Tagesgeschäft gar nicht, können folglich auch dann, wenn zum Beispiel die Verlängerung eines Rahmenvertrages ansteht, diese Mehrwerte in ihre Entscheidung nicht einbeziehen.

Wie häufig hat man bei Ausschreibungen eines Kunden ganz andere Ansprechpartner als jene, mit denen man durch den täglichen
Kontakt vertraut ist? Denn diejenigen, die die erbrachte Arbeits-
und Zusatzleistung aus dem Alltagsgeschäft schätzen, werden bei anstehenden großen Entscheidungen oft zu wenig einbezogen. Darum
ist es gut, selbst vorbereitet zu sein. Wir gehen die Extrameile für
die Kunden gerne – und dokumentieren sie. Sonderentwicklungen,
Mehraufwand bei Termindruck, Spontanaktionen, besondere Bera-
tungen und dergleichen mehr. Unsere Mitarbeiter sind angehalten,
solche Zusatzleistungen schriftlich festzuhalten: Datum, Kunde,
Problemstellung, Zusatzleistung, Aufwand, Wert der Leistung.

Treten wir beispielsweise bei einer Ausschreibung gegen Wettbewerber an, die gerne und vor allem über den Preis an unseren Kunden kommen möchten, so können wir mit einem **Katalog von Problemlösungen** außerhalb des Tagesgeschäftes punkten. Gut ist es auch, bei solchen Verhandlungen einen Mitarbeiter dabei zu haben, der detailliert die Geschichten hinter der Dokumentation kennt. Häufig staunt der Kunde dann nicht schlecht, weil ihm erst hier die wichtigen Extras, die in den Preisen enthalten waren, klar werden, der Preis also mehr wert wird. Und es zeigt ihm, zu welchen Lösungen wir in der Lage waren.

PRAXISTIPP

Unser Geschäftsführer Deutschland/Schweiz bei Packservice macht sich vor einem wichtigen Kundengespräch stets klar, aus welchem Bereich der Verhandlungspartner kommt: Denn je nachdem, welches Gebiet dieser verantwortet, beeinflusst es dessen Ziele. Die Marketingabteilung legt Wert auf andere Argumente als der Einkauf oder die Logistik. Aus den vielen Extrameilen sind dann genau diejenigen zu erwähnen, die eine Relevanz für den jeweiligen Bereich haben!

Ich bin mir sehr bewusst, dass die Grundlage für machbare Extrameilen im Unternehmen erst einmal bei den verantwortlichen Mitarbeitern gelegt werden muss. Denn die Bereitschaft der Mitarbeiter für solche »Zusatzschleifen« ist keine Selbstverständlichkeit. Die

Einstellung, dass ich als Mitarbeiter längere Arbeitszeiten und aufwendigere Lösungen gerne anbiete, ist ja nicht grundsätzlich zu erwarten. **»Von oben gelebt wird unten kopiert«** ist die Devise. **»Unten gelebt wird von oben gelobt«** die nächste. Mir hat es immer gefallen, Mitarbeitern auch den Sinn einer Sache zu erklären, der ihnen nicht automatisch klar sein kann. Was Mehrwert für den Kunden bedeutet und wie es unserem Unternehmen hilft, diesen anbieten zu können. Ihnen den Ausblick zu bieten, den ich von meiner höheren (Treppen-)Stufe aus schon habe, sie selbst aber eben noch nicht. Und sie dafür zu loben, wenn sie sich diese Sichtweise zu eigen gemacht haben und damit etwas umsetzen, das den Unterschied ausmacht. (⬀ siehe Abb. 3 – *Perspektive Treppenstufe*)

ZUKUNFTSPERSPEKTIVE

Womit wir bei einem weiteren Unterschied zur herkömmlichen Auffassung von **Kundenbindung** wären: Klassische Instrumente dienen immer nur der Bewertung der Vergangenheit. War der Service verlässlich, der Preis marktgerecht, die Qualität in Ordnung und die Lieferung pünktlich? Dann war der Kunde zufrieden. Reicht das?

Zweifellos muss alles dafür getan werden, dass das Alltagsgeschäft topfit bleibt. Dass genau diese Themen nicht zum Engpass werden. Als Chef wird man diesen Aspekt selbst im Blick haben – wenn das Unternehmen wächst und sich die Chefetage vom Tagesgeschäft wegbewegt, dann muss es Führungskräfte geben, die die Grundlagen des Geschäfts beherrschen und die Verlässlichkeit wahren. Ohne die Zufriedenheit des Kunden gibt es keine Gespräche über Zukunft und neue Aufträge.

Denn diese grundlegende Leistungsqualität wird als selbstverständlich angesehen. Und Extrameilen zahlen darauf ein, dass Kundenbindung andauert. Aber welches sind die Parameter für **zukünftige Verbundenheit**? Was kann ich dem Kunden bieten, damit er mir morgen und auch übermorgen treu bleibt? Und wie können wir unsere Leistungen zum Nutzen für den Kunden weiterentwickeln, um gemeinsam Perspektiven für die Zukunft zu schaffen? Das herauszufinden ist möglich in einem **Opportunity Workshop (OWS)**.

Der Opportunity Workshop hilft uns, unsere Kunden besser zu verstehen und selbst besser verstanden zu werden. Er ist ein gut vorbereitetes, moderiertes rund fünfstündiges Meeting. Eingeladen sind etwa zehn Teilnehmer jeweils aus den uns betreffenden Bereichen des Kunden sowie ihre Ansprechpartner aus unserem Unternehmen. Idealerweise findet der Workshop nicht bei einem der Partner, sondern in einem neutralen Tagungshotel statt.

Ziel dieser Veranstaltung ist es, Wissen über die beiderseitigen Ziele und Strategien zu erhalten und abgestimmter in zukünftige Leistungsangebote und Ressourcen zu investieren. Ganz pragmatisch aber auch, Blockaden einer reibungslosen Zusammenarbeit – meist in Form von Unklarheiten und Befindlichkeiten – zu ermitteln und zu lösen.

Wir müssen bereit sein, Kritik einzustecken, und mitunter eingestehen, dass wir unsere Leistungen besser einschätzen als der Kunde. Diese Offenheit hilft jedoch auch, unsere Kritik an Abläufen auf Kundenseite anzubringen und dort um Verbesserung zu bitten. Ziel ist ja eine **beiderseitige Optimierung**. Und die Öffnung des Blickes auf neue Felder – dies kann ein echter Wachstumstreiber werden.

**Klar strukturiert, penibel vorbereitet und zuverlässig nachge-
halten** – das sind die Eigenschaften eines OWS. Teilnehmer, Agenda,
Pausen, Snacks, frische Luft, Moderation, Themen und Präsentationen, Abendessen – alles muss vom »Gastgeber« (der Lieferant lädt
seinen Kunden ein, aus Compliance-Gründen ist auch eine Teilung
der Hotel- und Bewirtungskosten denkbar) vorab organisiert werden.

Für den Kunden ist es zunächst überraschend, seinen Lieferanten in dieser Rolle wahrzunehmen. Eine sehr gute Chance, Professionalität zu zeigen. Sie werden es erleben. Kunden werden hier zu
Partnern auf Augenhöhe. Als der Logistikchef eines großen Konzerns
sich bei mir fast dafür entschuldigte, dass er nicht alle Details der
Strategie seines Unternehmens, aber selbstverständlich die für uns
relevanten Zielsetzungen präsentieren konnte, zeigte das seine part-
nerschaftliche Haltung und die Ernsthaftigkeit, mit der er sich auf
dieses Meeting vorbereitete.

Ablauf Opportunity Workshop (OWS)

Vier Wochen vorher
Wir legen aus unseren Reihen einen »Workshop-Koordinator« fest. Er versendet einen Fragenkatalog zur Beurteilung
der Zusammenarbeit an die Teilnehmer des Kunden. Zugleich verteilt er diesen Fragenkatalog hausintern zur Selbst-
beurteilung. Rückgabe binnen zwei Wochen.

$\rightarrow$

→ **Zwei Wochen vorher**

Auswertung der Angaben des Kunden und unserer eigenen. Aus den Bewertungen zu jeder Frage wird jeweils ein Durchschnitt ermittelt. Kommentare werden anonymisiert, gekürzt und geclustert sowie Grafiken erstellt. Diese Präsentation soll professionell sein und sitzen!

Am Tag des Workshops

14.00 Begrüßung durch die beiden »ranghöchsten« Vertreter der Partner. Dann übernimmt der externe, sprich neutrale Moderator.

Er führt in die Agenda ein und startet die Vorstellung der Teilnehmer (Name, Funktion, Dauer der Unternehmenszugehörigkeit, Erwartungen vom ersten Treffen). Danach leitet er die Diskussionen zielgerichtet.

14.30 Zuerst stellt der Kunde vor, danach wir: Produkte und Leistungen, Geschäftsfelder, Organisation, Organigramm, Leitbilder und Werte, aktuelle Zielsetzungen, kurz- und mittelfristige Veränderungen, Vision. Welche Investitionen, Zukäufe oder neuen Gebiete stehen beim Kunden an? Welche bei uns? Wo ergeben sich Ansätze, sich an Kundenziele anzupassen? Wir diskutieren und halten sich daraus ergebende Schwerpunktthemen für die Gruppenarbeit fest (Flipchart).

→

→ 15.30 Wir präsentieren die Auswertung der Fragebögen: Welche Kriterien der Zusammenarbeit – etwa Termintreue, Flexibilität, Beratungskompetenz – sind dem Kunden wichtig? Wo sieht der Kunde uns dabei und wie beurteilen wir uns selbst? Danach kommt die Bewertung unserer Geschäftsprozesse aus Kundensicht und aus eigener Perspektive. Auch bewerten unsere Mitarbeiter die Kundenprozesse und geben Anregungen, was zu verbessern ist. Am Flipchart werden drängende Probleme und Fragestellungen für die Arbeitsgruppen festgehalten.

16.15 Kaffeepause

16.45 Nun kommt der wichtigste Part: Die bisher auf Flipcharts notierten Punkte werden in vier Themen (zum Beispiel Strategie, Produktion, IT, neue Prozesse) geclustert und dazu vier Arbeitsgruppen gebildet. Die Teilnehmer teilen sich auf und bestimmen einen Protokollführer. Die Ergebnisse werden auf einem Flipchart festgehalten, damit sie für die Gruppe jederzeit sichtbar sind und später allen präsentiert werden können.

18.15 Die Arbeitsgruppen präsentieren die Ergebnisse und legen schriftlich fest, wer sich um was kümmert und bis wann. Erfahrungsgemäß werden es rund 30 bis 60 To-dos.

→

→ Dabei sind meist auch »quick wins«, also Themen, die vor Ort gelöst und gleich umgesetzt werden.

18.45 Zusammenfassung, Nachwort der beiden »Ranghöchsten« meist mit Aufruf zur Umsetzung und Info zur Nacharbeit (siehe unten).

19.00/19.30 Gemeinsames Abendessen, ein ebenfalls wichtiger Part, der der Festigung der Beziehung und des Austausches dient. In den abendlichen Gesprächen ist Platz für noch offene Fragen und persönliche Themen.

Maximal 72 Stunden danach
Der Workshop-Koordinator versendet das Protokoll zu den 30 bis 60 Punkten an alle Teilnehmer. Zu jeder Maßnahme steht, wer für die Umsetzung sorgt und bis wann.

Vier Wochen danach
Der Koordinator holt die ersten fälligen Zwischenergebnisse ein – er ruft beim Kunden sowie intern Stand und Ergebnisse ab, die bis dahin erreicht werden sollten. Dann versendet er ein Update des Protokolls.

Acht Wochen danach
Wiederholung des vorherigen Schrittes.

→

45

→ | **Zwölf Wochen danach**
Idealerweise wird es ein letztes Protokoll geben, auf dem ein grünes Häkchen hinter allen Zielen/Maßnahmen steht. Anlass, allen Teilnehmern einen Dank auszusprechen – und warum nicht – allen eine kleine Aufmerksamkeit als Zeichen der Wertschätzung zu versenden.

Für unser Unternehmen kann ich dankbar sagen: Einen riesengroßen Anteil an unserer Entwicklung haben unsere Kunden, die uns herausgefordert haben, mehr anzubieten und Neues zu denken. Durch den ein oder anderen OWS haben wir neue Aufgaben bekommen und angenommen, Einblicke in die Welt des Kunden erfahren, die uns bei der strategischen Ausrichtung halfen. Und dies eben auch, weil wir die Mitarbeiter mit der Bereitschaft haben, neue Wege und Extrameilen für den Kunden zu gehen.

3

Das Expander-Prinzip

Offen für eigene Veränderung, flexibel für Kundenwünsche

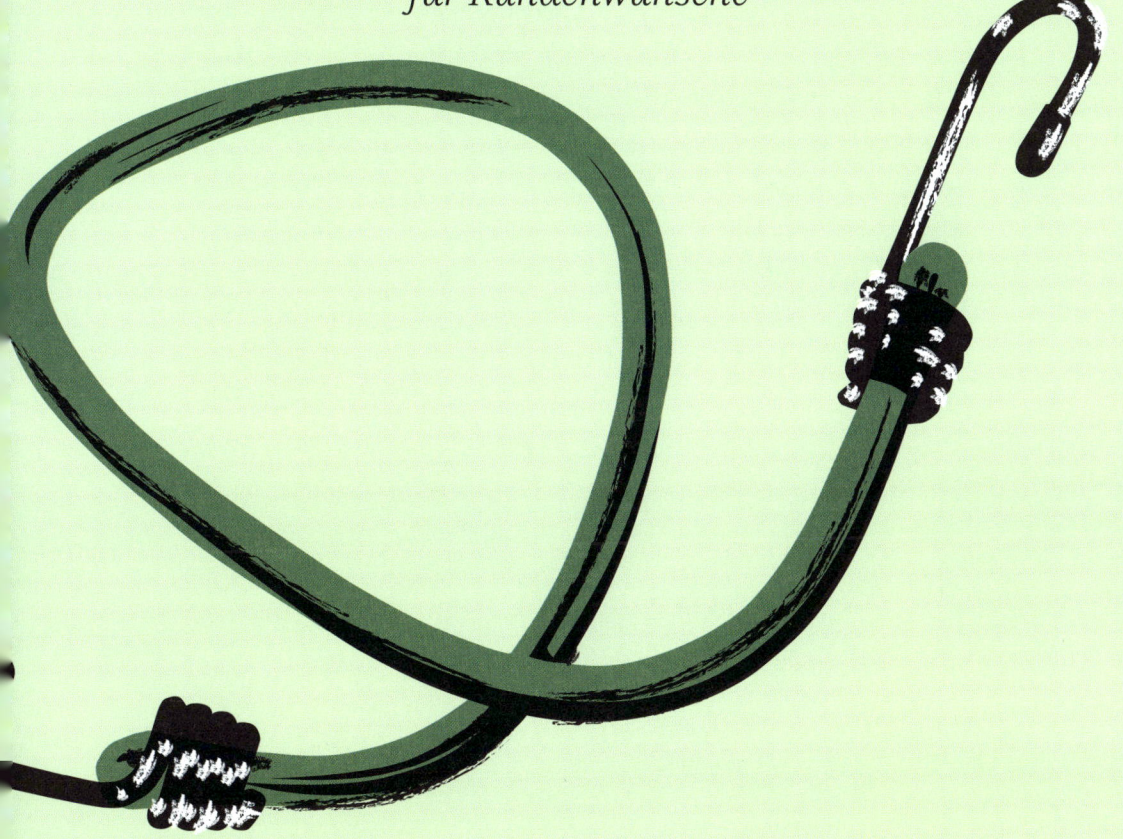

Wir waren eine kleine Nummer, als wir 2002 nach Österreich expandierten. Respektvoll bat ich um einen Termin beim Gründer und Inhaber des dortigen »Branchen-Platzhirschs«, der etwa im Alter meines Vaters war. Ich wollte mich als neuer Marktteilnehmer vorstellen, vor allem aber ihn als Wettbewerber und sein Geschäftsmodell kennenlernen. Das Gespräch verlief recht einseitig, er dozierte: »Wir haben hier jede Menge Produktionsfläche, ein leistungsfähiges Hochregallager, einen teuren Maschinenpark und ausgebildete Mitarbeiter. Zu uns kommen die Kunden mit ihrer Ware von überall. So funktioniert das Geschäft.«

Mit der gebotenen Zurückhaltung entgegnete ich ihm, dass unser Konzept eher konträr dazu sei. Dass wir oft dorthin gehen, wo die Ware ist, mitsamt unseren Mitarbeitern und Maschinen. Wir meinen, die logistischen Vorteile und der Zeitgewinn für den Kunden sind deutlich höher, wenn wir bei ihm vor Ort arbeiten. Mein Gegenüber lächelte jovial: »Glauben Sie mir, das wird nichts. So werden Sie hier nichts ausrichten können!«

Mittlerweile ist der ehemalige Branchen-Primus mehrfach verkauft worden. Marktführer in Österreich sind nun wir. Die Kunden wollten Zeitvorteile nutzen und lobten den geringeren Aufwand für Be- und Entladetätigkeiten sowie den reduzierten Lkw-Verkehr. Dafür waren sie bereit, in ihren Lägern Flächen für uns zu schaffen.

Kurz: **Vorteile** für den Kunden entscheiden. Wenn ich diese Vorteile anbieten kann, bin ich die erste Wahl. Wenn ich starr an meinen Konzepten festhalte, gehöre ich zur zweiten Wahl – und die hat am Markt meist das Nachsehen.

Mit offenem Ohr am Kunden und den **flexiblen Konzepten** schafften wir in nur zehn Jahren nach dem Einstieg in den österreichischen Markt eine Verzwanzigfachung des Umsatzes. Nach fünf weiteren Jahren war der frühere Marktführer, den ich damals besucht hatte, von der Bildfläche nahezu verschwunden und seine besten Mitarbeiter bewarben sich bei uns. Auch viele seiner Kunden waren schon zu uns gewechselt.

Daraus habe ich eine gehörige Portion Selbstvertrauen in unsere **Expander-Mentalität** gewonnen. Kunden ändern ihre Strategie, tauschen Produkte aus, wechseln ihren Standort und ihre Preispolitik. Sie wollen flexibel agieren können, ihnen fehlt aber häufig selbst die Variabilität und Schnelligkeit dafür. Sie brauchen andere, die diese Eigenschaften haben. Dienstleister und Lieferanten, die die nötige Flexibilität aufweisen.

MITARBEITER ALS SCHLÜSSELFAKTOREN

Wenn ich eine Schnur zum Festbinden eines bestimmten Paketes abmesse, bedeutet dies nicht, dass ich genau diese Schnurlänge auch beim nächsten, vielleicht größeren, vielleicht aber auch kleineren Paket wieder einsetzen kann. Gummis oder Expander dagegen haben die Eigenschaft, auch unter veränderten Konditionen fast immer passend zu sein. Gerade als Dienstleister macht es Sinn, flexibel zu bleiben, um sich mit Freude anpassen zu können.

Aber wie schaffe ich diese **Flexibilität** im Unternehmen? Eine Organisation flexibel zu machen geht nur über ihre *Organe* – und das sind die Mitarbeiter! Somit ist die Frage schnell beantwortet: Flexibilität beginnt mit meinen Mitarbeitern oder Teams, die selbständig im Sinne des Kunden handeln können müssen. Sie sind es, die das Ohr am Kunden haben. Sie erkennen, welches Problem es für den

Kunden zu lösen gibt und was sie dafür tun können. Somit brauchen
sie

- den Freiraum, diese Probleme lösen zu dürfen,
- die Vorgabe, sich bestimmte Sonderaufwände vom Kunden auch
  vergüten zu lassen,
- die Motivation, Extrameilen zu gehen,
- das Gespür, wann weitere Entscheider/Kompetenzen
  hinzugeholt werden sollen.

Der Funke, vor Ort flexibel Probleme zu lösen, entzündet sich in der
Mannschaft selbst. Das ist ihr ureigenster Ansporn: Zu fragen, was
ihre Leistung beim Kunden bewirkt, bringt sie weiter auf dem Weg
zu seinen Zielen. Zu sagen »geht nicht« oder »gibt's nicht« ist sehr viel
einfacher als nach einer Lösung zu suchen. Deswegen gilt für uns:
»Wir wollen Mitarbeiter, die Wege aufzeigen, wie es geht – und nicht
die Gründe, warum etwas nicht geht!« Solange die Aufgabenstellung
nicht gegen unsere Wertvorstellungen verstößt, suchen wir nach
Wegen und zeigen dem Kunden mögliche Lösungen auf. Auch wenn
es zunächst so scheint, als ginge da tatsächlich nichts.

Geht nicht gibt's nicht!

Der Auftrag war Anfang Dezember fast in trockenen Tüchern
und versprach uns den Vorstoß in eine neue Dienstleistung.
Es ging um ein größeres Projekt in einer Fachmarktkette für
Heimtierbedarf. Unser Unternehmen sollte in 16 Filialen in →

→ der Schweiz einen Zahnpflegeknochen für Hunde als Eye-
catcher präsentieren. Genauer gesagt: Verkaufsregale sollten
mit entsprechenden Displays ummantelt werden. Hörte sich
einfach an, erwies sich aber als »tricky«. Der Engpass bestand
darin, dass die Aktion noch rechtzeitig vor Weihnachten
stattfinden sollte. Und unser Personal in der Schweiz war
bis ins folgende Jahr völlig ausgelastet. Dennoch sagten wir
zu.

Zwei unserer Prokuristen – unterstützt von einem kleinen
Team – erklärten sich bereit, selbst in den Filialen Hand an-
zulegen. »Das ist für uns eine Selbstverständlichkeit, wir
sind uns dafür nicht zu schade. Wir schieben auch schon mal
Paletten im Lager, wenn es eng wird«, meinten sie. Also
tauschten die beiden ihren Anzug gegen Jeans, fuhren in die
Schweiz und begannen zu kleben, zu krempeln, zu falten und
zu stecken – jeden Tag. Auf den Autofahrten zwischen den
Filialen erledigten sie per Handy und E-Mail ihr übliches
Tagesgeschäft. Am Ende war der Kunde glücklich und dankbar. Sein Ziel, mit seinen neuen Produkten bis Weihnachten
in den 16 Filialen präsent zu sein, war geschafft.

Solche »Feuerwehreinsätze« sind in unserem Unternehmen
keine Seltenheit. Dafür braucht es neben Erfahrung und
Technik vor allem die richtigen Mitarbeiter. Und Führungskräfte, die pragmatisch vorleben, was Flexibilität bedeutet. →

→ Wer seine Kunden mag und sie »willkommen« heißt, wird nicht über deren Anforderungen schimpfen. Vielmehr sind die Sonderwünsche oder auch schwierigen Aufträge genau die, die nicht jeder erfüllen kann. Und wenn wir schaffen, sie umzusetzen, schaffen wir wieder **Mehrwerte**. Wertvolle Extrameilen.

FLEXIBILITÄT IST EINE HALTUNG

Selbst bei einem Start-up ist sie offensichtlich nicht automatisch zu erwarten: Flexibilität als Grundhaltung. Und ich dachte, junge Unternehmen haben es damit viel leichter. Eine ehemalige Mitarbeiterin von uns hat sich in der Software-Branche selbständig gemacht. Zusammen mit drei Partnern entwickelte sie eine App, die Führungskräfte an deren Aufgabe der Mitarbeiterentwicklung erinnert. Es waren bislang erst wenige Stückzahlen der App verkauft. Die Marktbearbeitung stand noch ganz am Anfang.

Sie stellte mir ihr System vor: Zunächst sollen von der Führungskraft und einigen ihrer Mitarbeiter Verhaltensprofile erstellt und in die App eingepflegt werden. Sobald die App dann gestartet wird, poppt regelmäßig eine Nachricht für die Führungskraft auf – mit Namen eines seiner Mitarbeiter und einem konkreten Vorschlag, diesen ausgehend von seinem Profil motivierend anzusprechen. Die App ist sozusagen der digitale Coach. Auch die Mitarbeiter wissen um die Motivationstipps und erhalten per App selbst regelmäßig Nachrichten bezogen auf das Profil ihres Chefs.

Mir gefiel die App als Hightech-Instrument mit kurzen Inputs für die Führungskraft. Sie gleicht der regelmäßigen Erinnerung an die Umsetzung von Tipps aus einem Seminar. Und die zugrunde liegenden Modelle der Verhaltensprofile (DISG- beziehungsweise »Vier-Farben-Modell«) wenden auch wir im Unternehmen an, um das eigene und das Verhalten des Kollegen besser verstehen zu können.

Mein großes »Aber« war jedoch: Führung sollte immer authentisch sein und nicht aufgesetzt wirken. Wenn Mitarbeiter ableiten können, dass ihr Chef mit seiner Ansprache auf Aufforderung einer App reagiert, kann das die beabsichtigte Wirkung verfehlen. Um Führungskräfte mit dem Tool tatsächlich zu unterstützen, sollten die Mitarbeiter es möglichst nicht kennen. Eine Führungskraft nimmt ihre Abteilung ja auch nicht mit auf ein Führungsseminar.

Ich äußerte meine Bedenken und fragte, ob es möglich sei, eine Version nur mit der App für die Führungskraft zu bekommen. Ohne das Modul für die Mitarbeiter. Diese Frage nahm die engagierte Jungunternehmerin mit und tauschte sich mit ihren Kollegen aus. Software ist ja programmierbar, heißt anpassbar. Ich kenne viele für uns oder unsere Kunden umgesetzte »Sonderlocken«. So erwartete ich ein schnelles »Okay« mit einem neuen Angebot. Aber das Ergebnis lautete: Nein. Nicht möglich.

Ich fragte mich: War es den aufstrebenden IT-Unternehmern technisch wirklich nicht möglich oder waren sie schlicht nicht gewillt, ein durchaus begründetes Kundenbedürfnis zu erfüllen?

Wie hätten wir an ihrer Stelle reagiert? Hätten wir unser Angebot an den Kundenwunsch angepasst? Definitiv ja! Wir hätten eine Variante überlegt und angeboten, eventuell verbunden mit einem bestimmten Mehrpreis für diese Sonderedition.

Mir kam meine Unterhaltung mit dem alteingesessenen österreichischen Unternehmer wieder in den Sinn, der seinen Kunden Leistung ausschließlich an seinem Standort anbot. Und ich dachte mir: Diese frischen Unternehmer beginnen jetzt schon damit, nicht auf Anregungen des Marktes zu reagieren. Sie haben keine flexiblen Lösungen.

Wege entstehen, indem man sie geht, heißt es. Nur häufig traut sich eben keiner, loszugehen. Dabei kann nicht allzu viel schiefgehen, wenn doch Bedarf besteht und man sich realistische Ziele setzt. Ich ermutige gerne dazu, die ausgetrampelten Pfade auch mal zu verlassen, mit beherzten Entscheidungen Neuland zu betreten und den neuen Weg Schritt für Schritt zu ebnen.

Wachsen (was die meisten Start-ups ja wollen) funktioniert, wenn ich dem Kunden zuhöre und viel nachfrage. Gerade neue Produkte oder **Leistungen reifen** und werden attraktiver für den Markt durch die Ideen und Anforderungen der Kunden. Wenn ich Gespräche auf offene Weise führe, daraus Lösungen ableite, ist der Kunde zufrieden und ich entwickle mich. Genau diese Erkenntnis ist in der »Servicewüste« im deutschsprachigen Raum noch nicht überall angekommen. Und das ist die große Chance derjenigen, die lieber Expander als Paketschnur sein wollen. Der Markt wird sie lieben!

So interessierte es mich doch sehr, wie wir das in unserem Unternehmen umsetzen. Angesprochen auf die Kernpunkte ihrer Kundengesprächsführung trugen unsere Regionalmanager ihre Erfahrungen zusammen, und wir erstellten daraus eine Vorlage. Daraus entstand die FAZ-Technik.

Die FAZ-Technik

Drei Schritte betrachten die Manager als wesentlich für die Gesprächsführung: Sie gehen interessiert und mit selbstbewusster Einstellung in das Kundengespräch, stellen Fragen und bleiben achtsam bis zum Erreichen des Ziels. So erfahren sie mehr über den Bedarf des Kunden und ihre Möglichkeiten, ein Angebot daraus zu machen.

F wie Fragen stellen

- Offene Fragen formulieren: Welches sind die wahren Bedürfnisse, Motive oder Wünsche, die bekannt sein müssen?
- Hintergründe erkennen: Was ist das übergeordnete Ziel, das mit diesem Auftrag erfüllt werden soll?
- Weitblick zeigen: Gibt es strategische Ziele zu beachten (Expansion, Preis- oder Qualitätsführerschaft, Marktanteil etc.)?
- Markt abklären: Mit welchen Partnern wird bislang zusammengearbeitet und welche Erfahrungen liegen vor?
- Ist-Situation bewerten: Falls ein Problem in der bisherigen Zusammenarbeit vorliegt, wie ist es entstanden, seit wann zeigt es sich und worin liegen mögliche Ursachen?
- Chancen erfahren: Welche Kriterien beeinflussen die Auftragsvergabe und wie sind diese gewichtet (Zeit, Qualität, Kosten, Technologie, Personal, Sicherheit etc.)?

$\rightarrow$

→ ### A wie achtsam reagieren

- Sich auf Augenhöhe bewegen, als Partner mit gleichberechtigten Geschäftsinteressen.
- Das Kundenthema/-problem ernst nehmen, echtes Interesse an Lösungen zeigen.
- Eigene Stärken des Unternehmens abrufen und einbringen.
- Aufmerksam beobachten, in welche Richtung sich das Gespräch entwickelt. Auch neue Hinweise oder Aspekte hinterfragen oder präzisieren.
- Bei all den eigenen Gedanken zum Thema dennoch den »roten Faden« des Kunden verfolgen.
- Wiederholen, um das gegenseitige Verständnis zu fördern (»Habe ich Sie richtig verstanden, dass ...?«).

Z wie zielorientiert abschließen

- Referenzen und vergleichbare Lösungen oder Projekte aus der Vergangenheit aufzeigen.
- Einen »Test«- oder Probeauftrag anbieten, damit der Kunde die Zusammenarbeit und Qualität kennenlernen kann (versus »Katze im Sack«).
- Verbindlich das Gespräch beenden (Ergebnis, To-dos, weiteres Vorgehen und Termine).

MIT FERNGLAS ODER LUPE?

Flexibel sein heißt, sich anpassen zu können. Wie erkenne ich, worauf ich mich einstellen kann oder muss? Das gelingt zum Beispiel über die FAZ-Technik.

Nähe ist der beste Weg, um den Kunden zu verstehen. Das ist wichtig und richtig, reicht aber für gekonntes Wachstum alleine nicht aus. Wir müssen auch am Puls des gesamten Marktes bleiben. Und dafür ist Distanz das Mittel der Wahl. Eine Möglichkeit, mehr über Kunden und den Markt zu erfahren und das eigene Unternehmen danach auszurichten, ist der regelmäßige Blick in die **Medien**: Was veröffentlichen unsere bestehenden und zukünftigen Kunden oder unsere Wettbewerber? Welche Personalentscheidungen werden bekannt gemacht, welche Zukäufe, neuen Standorte, neuen Produkte? Welche Branchentrends oder Studien geben Anlass, das eigene Geschäftsmodell anzupassen?

Damit nicht jede unserer Führungskräfte die Fachpresse studieren muss, erstellt einer unserer Mitarbeiter monatlich einen drei- bis vierseitigen sogenannten **Marktreport** auf Basis der Meldungen relevanter Online-Dienste und Fachmagazine. Darin steckt in aller Kürze der Überblick über unseren Markt und unsere Branche. Was treibt die Kunden, Wettbewerber, potenziellen Neukunden und interessanten Zukunftskunden um? Was verändert sich dort gerade? Wo streben die jeweiligen Marktteilnehmer hin? Was sind die wichtigsten Trends? Was tut sich im Personalbereich?

Dieser regelmäßige Blick aus der Vogelperspektive hilft ungemein bei der schwierigen Aufgabe, die viel beklagte Komplexität und Dynamik des Marktes ein Stück weit in den Griff zu bekommen.

FLEXIBILITÄT SCHAFFEN

Unser Unternehmen – selbst nach langem Wachstum – ist nicht zu groß oder gar schwerfällig. Nein, gerne vergleiche ich uns mit einer schlagkräftigen, agilen Flotte von Schnellbooten. Unsere rund 30 Standorte haben ihre eigenen Steuermänner und -frauen, eine Mannschaft mit hoher operativer Kompetenz, Verantwortung und Freiheitsgraden. Auf diesen Schnellbooten navigieren sie als Mitunternehmer, Mitdenker und Macher durch die oft raue See ihrer jeweiligen Kundenwelt. Geleitet und begleitet werden sie von den Führungskräften auf Länder- beziehungsweise Regionalebene. Das passende Werkzeug, die geeigneten Instrumente und das richtige Training dafür liefert unsere Firmenzentrale. Ich betrachte unsere großen Kunden – um im Bild zu bleiben – als Kreuzfahrtschiffe, stark und eindrucksvoll, aber selten wendig. Ihre besonderen Ziele (zum Beispiel »kleine Häfen«) erreichen sie nicht ohne Hilfe. Dafür sind sie zu komplex und nicht flexibel genug. Dann freut es unsere Mitarbeiter umso mehr, mit ihren Schnellbooten Routen für sie zu finden und zu übernehmen.

Mit wachsender Größe hat sich bei uns eine Überlegung als goldrichtig herausgestellt: die Aufteilung von Zuständigkeiten und Aufgaben in grob gesagt **dezentrale Produktion** und **zentrale Administration**. So haben wir, um die operativen Einheiten schlank und schnell zu halten, Fachbereiche in unserer Zentrale konzentriert. Zu intern oder extern getriebenen Themen wie Recht, Finanzen, Marketing, IT, Personal, HR und Qualität können wir so den Standorten ausgewiesene Experten zur Verfügung stellen. Wenn also ein Fachthema wie zum Beispiel die IT-Anbindung oder ein Vertragsentwurf für einen Kunden zu bearbeiten ist, dann wird der Kundenbetreuer vor Ort die Zentrale einbinden. So kann er sich operativ wieder auf den Kunden und dessen Aufträge konzentrieren, die Fachmitarbeiter der Zentrale hingegen können den Fachleuten beim Kunden mit ihrem Know-how zur Seite stehen und unser Unternehmen professionell vertreten. Entscheidender Zufriedenheitsfaktor ist es dann, wenn sich die Zentrale kunden- und lösungsorientiert zeigt und nicht den besserwissenden Allmächtigen gibt.

Beweglichkeit ist das A und O. Aber Flexibilität ist manchmal auch eine Gratwanderung. Würden Sie einen Expander so weit auseinanderziehen, dass Sie Gefahr laufen, dass er kräftig zurückschnalzt? Ich meine, die Umsetzung von Kundenanforderungen muss zum Unternehmen passen und wirtschaftlich **tragbar** sein. Flexibilität soll die Unternehmensgesundheit erhalten und nicht gefährden. Und wer seine Vision und Ziele definiert hat (siehe Station Führung, S. 290), hat einen guten **Rahmen** für Flexibilität. Würde ein Kunde zum Beispiel seine Standortverlagerung in ein für uns neues Land mit uns machen wollen und uns dort eine Abteilung in seiner Fabrik anbieten, wäre damit für uns ein großes Aufbau- und Investitionsrisiko verbunden. Abschmettern müssten wir ihm diesen Wunsch aber keineswegs. Vielmehr würden wir dem Kunden vermitteln, dass wir ihm unsere Dienste gerne anbieten – für dieses Engagement aber eine **Sicherheit**, zum Beispiel in Form eines mehrjährigen verbindlichen Vertrags, brauchen.

Die Grenze der Flexibilität besteht auf der anderen Seite auch im Schutz des Gegenübers vor sich selbst. Als Partner des Kunden werden wir eine Anforderung nicht unreflektiert ausführen, wenn sie unserer Erfahrung nach seinen Zielen nicht dienlich ist. Das kommt selten vor, aber wenn, dann kommunizieren wir das auch ohne Scheu. Und bieten natürlich eine Alternative an.

WACHSEN AN SEINEN AUFGABEN

Rückblickend ist mir klar, dass unser Unternehmen über Jahrzehnte mit den Anforderungen unserer Kunden gewachsen ist. Begonnen haben wir als Umverpacker für den Versandhandel (da gab es noch die Sortimente und Kataloge von Neckermann, Quelle und Otto). Unser Know-how der Produktveredlung boten wir dann auch Kosmetikherstellern an und erhielten im Weiteren auch interessante Herausforderungen der Pharmaindustrie. Später kamen meist auf Wunsch der Kunden neue Standorte und Standbeine dazu – von diversen Verpackungs- und Logistiklösungen über Beratung, Textil- und Montageservice bis hin zur Herstellung von Verpackungsmaterial.

Als wir uns im Jahre 2017 überlegten, welche Dienstleistungen oder Produkte unsere Kunden von uns noch erwarten, kamen wir auf den Bereich der Verpackungsherstellung. Kleinserien aus Wellpappe. In nicht einmal neun Monaten haben wir aus der Idee und dem Bedarf heraus eine neue Firma gegründet, den Maschinenpark und das Personal auf dem Markt gefunden und die ersten Kunden gewonnen. Schon nach zwei Jahren machte die Flexpack GmbH mit über 200 Kunden einen mittleren einstelligen Millionenumsatz. Hier hat sich unsere Expander-Flexibilität mit **Innovationsfreude** gepaart. Eine Idee so zügig in die Tat umzusetzen traf auch in der Organisation auf Respekt und gab den Kollegen das Gefühl, von mutigem, dynamischem, ja flexiblem Management.

Fazit: Jeder überlegte Richtungswechsel, jede zielorientierte Anpassung, jede bewusst angenommene Steilvorlage hat uns weitergebracht – und wird es auch künftig tun. Denn wie hat Henry Ford so schön gesagt: »**Wer immer macht, was er schon kann, bleibt immer das, was er schon ist.**«

Das Premium-Prinzip

Die besten Mitarbeiter für den Kundenkontakt

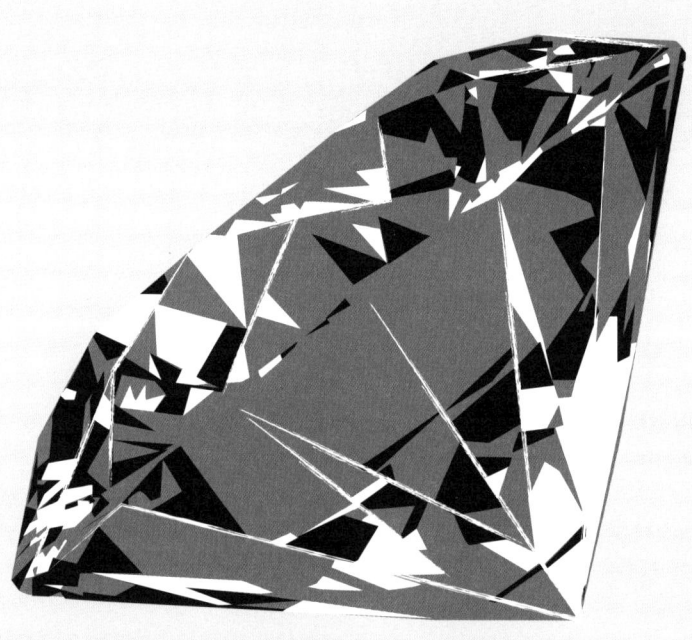

Warten Sie gerne im Restaurant? Ich nicht. Ich gehöre eher zu den Ungeduldigen unter den Gästen. Wenn der Kellner nicht alsbald mit begrüßendem Blick Kontakt mit mir aufnimmt oder mit der Karte an den Tisch kommt, empfinde ich das als unaufmerksam und unprofessionell. Mag das Essen noch so gut sein, meine Zufriedenheit hängt maßgeblich am Servicepersonal.

Man kann den Gast (Kunden) also innerhalb weniger Minuten nach Eintritt in das Lokal gewinnen (Premium-Effekt) oder ihn enttäuschen. Wer die inkompetenten oder – noch schlimmer – die unachtsamen oder unsympathischen Mitarbeiter als Kontaktpartner an die Front schickt, braucht sich über schlechte Ergebnisse nicht zu wundern. Nichts verärgert mehr, als Champagner versprochen und Leitungswasser serviert zu bekommen.

Es ist kein Standard, **aufmerksamen Service** zu bekommen. Und das ist genau die Chance für diejenigen, die diesen Bonus ihren Kunden anbieten können.

Der amerikanische Managementexperte Jim Collins sagt: »Die altbekannte Weisheit, dass Menschen das größte Kapital eines Unternehmens sind, stellt sich mittlerweile als falsch heraus. Nicht irgendwelche Menschen sind es, sondern die **Besten** aus den Besten sind die Richtigen.«

Da wird die Latte zu Recht hochgelegt! Die Qualität der Mitarbeiter ist wertvollstes Gut. Deren fachliches Können, Leistungswille und Flexibilität, deren Auftritts- und Repräsentationsqualität wie auch ihre Teamfähigkeit und Loyalität ermöglichen erst Erfolg. Selbst wenn augenscheinlich die Produkte eines Unternehmens im Vordergrund stehen, so sind es die besonders guten Mitarbeiter, die erst die Brücke zum Kunden bauen. Eine Marke entsteht nur durch die smarten Mitarbeiter, die Produkte oder Dienstleistungen zu einer solchen machen. Und ob ein Unternehmen finanziell gesund bleibt, ist ebenfalls abhängig von den richtigen Mitarbeitern.

Besonders wichtig ist die Premium-Qualität bei den Mitarbeitern mit direktem Kundenkontakt, dem wichtigsten und zugleich heikelsten Berührungspunkt. Denn hier zündet der **Funke** für den Erfolg des Unternehmens – oder er wird im Keim erstickt. Hier lodert das Feuer der Begeisterung – oder es verpufft.

Sind Sie sich bewusst, wie viele Mitarbeiter bei Ihnen im Kundenkontakt stehen? Ich meine damit nicht nur Geschäftsführer, Vertriebsleute oder die Telefonzentrale, sondern auch andere Funktionsträger: Die Finanzbuchhalterin, die beim Kunden anruft und freundlich eine Rechnung anmahnt. Oder der Mitarbeiter der Rechtsabteilung, der mit dem Kunden über Vertragsklauseln diskutiert. Beide können als sympathisch und kompetent wahrgenommen werden oder eine Menge Unfrieden beim Kunden stiften.

Wachstum und Erfolg sind nur zu haben, wenn wir die **Richtigen** an die Kundenfront schicken und sie stets weiterbilden und mit Freiräumen für Entscheidungen ausstatten. Von ihnen erwarten wir, dass sie respektvoll und empathisch sind, gut kommunizieren und auch mit Konflikten konstruktiv umgehen können. Sie brennen für die Belange der Kunden und widmen sich ihnen mit Aufmerksamkeit und Leidenschaft, wirken als Kundenmagnet. Genauso stehen sie loyal zu ihrem Unternehmen und behalten dessen Gesundheit und Vorteil im Blick. Diese Mitarbeiter repräsentieren uns beim Kunden. Sie sind Botschafter unserer Firmenwerte. Ihnen sollten wir Gewicht und Gehör geben.

GRÜNDLICHER AUSWAHL FOLGT GRÜNDLICHE AUSBILDUNG

Wie kommen wir an die guten »Leute«, die den Qualitätsunterschied beim Kunden machen? Meiner Erfahrung nach gibt es dafür genau zwei Aspekte: **Auswahl** (die richtigen Mitarbeiter einstellen) **und Ausbildung** (ihnen die richtige Förderung zukommen lassen).

Wir haben uns eine Regel zu eigen gemacht, die in knappen Worten ausdrückt, worauf es bei der Auswahl ankommt: »Hire slow and fire fast.« Wir investieren reichlich Zeit und geben uns sehr viel Mühe bei der Auswahl unserer Bewerber. Andererseits zögern wir im Falle anhaltender Unzufriedenheit nicht lange, wenn es zu einer Trennung kommen muss.

Mit unserem mehrstufigen **Auswahlverfahren** reduzieren wir gleichzeitig die Energie, die bei personellen Fehlentscheidungen langfristig vergeudet würde. Eine sorgfältige Auswahl erhöht die »Trefferquote« für die Richtigen und vermeidet den unguten Kündigungsprozess (zum Beispiel in der Probezeit).

Interessante Bewerber werden bei uns standardmäßig zu drei Gesprächen eingeladen. Bei jedem Gespräch nehmen der Bewerber und Mitarbeiter aus unterschiedlichen Abteilungen teil. Während dieser drei Gespräche können sich alle Beteiligten besser kennenlernen. Und selbstverständlich entscheiden die Kollegen mit, ob sie den Bewerber im Team haben wollen oder nicht. Wenn dann ein Arbeitsvertrag geschlossen wird und der erste Arbeitstag beginnt, kennen sich der Neue und das Team schon. Deshalb ist die halbjährliche Probezeit bei uns meist nur ein Passus auf dem Papier. Mit anderen Worten: Je **sorgfältiger** das Kennenlernen von Bewerber und potenziellem Arbeitgeber, desto geringer für beide Seiten das Risiko eines Fehlgriffs.

Das Bewerbergespräch läuft bei uns wie ein informelles Meeting ab, bei dem man sich gegenseitig kennenlernen möchte: lockere Gesprächsatmosphäre, kein einseitiges Ausfragen. Der Bewerber soll das Unternehmen wahrnehmen, wie es ist. Dabei soll er seine Aufregung ablegen, entspannen, sich geben können, wie er wirklich ist. Denn so wird er später auch am Arbeitsplatz sein. Und genau das wollen wir ja vorab erfahren.

Manchmal erlebt man dabei überraschende Dinge: Eine Bewerberin kam zum ersten Gespräch zu uns. Ihr aktueller Arbeitgeber war ein Kosmetikhersteller. Wie trat sie auf? Wie ein Model, mit High Heels, perfekter Frisur, auffallendem Make-up – von Kopf bis Fuß gestylt. Wir im Team gaben uns offen und natürlich, kein Anzug, keine Überkorrektheit. Im Gespräch zeigte sich bald, dass sich hinter der Fassade der Bewerberin eine sehr angenehme, herzliche Persönlichkeit mit hoher Kompetenz versteckte. Also luden wir sie zum nächsten Gespräch ein. Und siehe da: Sie kam ungeschminkt und in ganz anderem Outfit. Sie erkannte unseren Stil, der auch ihr lag, und hatte für das zweite Gespräch ihre »Maske« abgelegt. Diese Authentizität suchen wir, weil sie zu uns passt. Im Gegenzug präsentieren wir uns den Bewerbern auch als **authentisches**, lebendiges Unternehmen, das engagierte Menschen beschäftigt und nicht nur Stellen besetzt.

Derzeit liegt es im Trend, Bewerber ohne lange Vorlaufzeit einzustellen. Möglicherweise ist dies eine Kurzschlussreaktion auf die immer knapper werdenden, gut qualifizierten Nachwuchskräfte. Auch wir haben zwar die Intervalle zwischen den Gesprächen verkürzt, lassen uns aber nicht beirren. Die Zeit, die wir uns gemeinsam mit unseren Bewerbern nehmen, ist und bleibt eine lohnende Investition.

BEWERBERCHECK

Die Situation war verzwickt. Wir hatten für die Führungsposition mit Kundenbetreuung einer ganzen Region zwei Kandidaten in der Endrunde. Ich hatte eine klare Präferenz. Aber von den fünf Kollegen vor Ort, die künftig jeden Tag mit dieser Entscheidung zu leben hatten, hielten einige den anderen Kandidaten für geeigneter.

Sollte ich meinen Favoriten nun einfach »durchdrücken«? Nein, das schien und scheint mir völlig unangebracht. Oder lag ich vielleicht auch falsch? Ich entschied, dem Team einen weiteren Kollegen aus einem anderen Standort, dessen Fachkompetenz und gutes Händchen für die Personalauswahl bekannt war, zur Seite zu stellen. Das kam zunächst gar nicht gut an. Was konnte ich noch tun, um die Kollegen in ihrer Bewertung zum Nachdenken zu bringen? Wir alle hatten ja **dasselbe Ziel**, nämlich eine gute Wahl zu treffen, und stellten uns dieselben Fragen: Welche Kriterien soll eine Führungskraft mit Kundenkontakt im Unternehmen mitbringen? Welches Potenzial wollen wir bei ihr heute schon erkennen?

So setzte ich mich flugs mit einem Personalprofi zusammen und wir erstellten elf Fragen, die eine analytische Beurteilung der Kandidaten ermöglichten. Der zukünftige Vorgesetzte des auszuwählenden Kandidaten griff diese Fragen auf, brachte sie in eine Excel-Datei und versah sie mit einem Punktesystem. So ausgestattet beurteilte das Team daraufhin beide Kandidaten auf einem Bewertungsformular.

Die Elf-Fragen-Technik für Führungspositionen

Das Besondere ist die Perspektive der Beurteilung: Das Team stellt sich den Bewerber als den **Kollegen an seiner Seite** im künftigen Tagesgeschäft vor, betrachtet ihn also nicht als den außenstehenden Kandidaten. Dabei bewertet jeder die Fragen mit einer Punktzahl zwischen 0 (gar nicht) und 10 (perfekt), anschließend werden die je Bewerber vergebenen Punkte addiert und die Summen der Kandidaten verglichen.

Eingeleitet wird der Fragebogen mit der persönlichen Fragestellung: »Stellen Sie sich vor, dass die zu beurteilenden Kandidaten bereits sechs Monate an Ihrer Seite arbeiten. Wie ist Ihr Eindruck? Bewerten Sie die Güte der von uns geforderten Leistungen und überlegen Sie:

1. Kann der Bewerber mit dem Teamleiter genauso wertschätzend und zielgerichtet sprechen wie mit dem Geschäftsführer eines großen Kunden **(situativ kommunikationsfähig)**?
2. Ist er auch in schwierigen Situationen konstruktiv, findet Lösungen, statt Gründe zu suchen **(lösungsorientiert)**?
3. Führt er den Kundenkontakt gemeinsam mit dem Team auf hohem Niveau zum Erfolg **(kundenorientiert)**?

→

→ 4. Vertritt er unsere Dienstleistungsmentalität, bleibt im Auftritt bodenständig und stärkt unseren guten Ruf am Markt **(demütig repräsentativ)**?

5. Baut er zu seinem Team eine gute Beziehung auf, fördert es wertschätzend und respektvoll und fordert es heraus **(team- und führungsfähig)**?

6. Kann er unsere unternehmerischen Vorgaben gegenüber Mitarbeitern und Kunden überzeugend argumentieren und vertreten **(überzeugend durchsetzungsstark)**?

7. Entwickelt er die von ihm geführten Bereiche weiter und ist bereit, Wachstum zu initiieren und hilfreich zu begleiten **(unternehmerisch)**?

8. Ist er bereit, mit dem Team die nächste »Raketenstufe« zu zünden für neue Projekte, Kunden, Servicequalität, Dienstleistungen **(zukunftsmutig)**?

9. Vertritt er seinen Verantwortungsbereich in Strategiefragen und bereichert die Gruppe mit Ideen und Impulsen **(strategisch)**?

10. Lebt er unsere Werte vor und trägt sie an die Mitarbeiter heran **(werteorientiert)**?

11. Identifiziert er sich mit unseren Leistungen sowie den Menschen, die sie ausführen – ob an der Produktionslinie oder im Büro –, und steht überzeugt zu unserem Geschäftsmodell **(loyal)**?

Und wie fiel damals unsere Wahl aus? Nach den Gesprächen mit beiden Kandidaten ging jeder der einbezogenen Mitarbeiter in sich und füllte die Elf-Fragen-Checkliste mit Bewertung und Kommentaren aus. Die Ergebnisse fielen noch deutlicher aus, als ich es erwartet hatte. Das Team wählte und war sich klar darüber, was es von dem neuen Mitarbeiter erwartet. Und auch ich war sehr zufrieden. Die Personalentscheidung, die daraus resultierte, hat sich bis heute als richtig erwiesen. Zudem haben die elf Fragen auch für die Führung dieses neuen Mitarbeiters **Orientierung** gegeben. Denn natürlich bringt auch eine erfahrene Führungskraft noch lange nicht alle diese Fähigkeiten mit, sondern muss bei ihrer Entfaltung begleitet werden.

Nach der getroffenen Wahl trägt die anschließende **Ausbildung** zu wirklich guten Mitarbeitern dazu bei, dass sie das Unternehmenswachstum entscheidend voranbringen. Ich sehe es als Führungsaufgabe an, dafür zu sorgen, dass gute Mitarbeiter noch besser werden können – durch Anwendung der »drei F«: Förderung, Feedback, Fortbildung (siehe auch Station Mitarbeiter, S. 126).

Förderung heißt: Mein Team und ich stehen mit unserem Wissen als Mentor und Coach an der Seite des Mitarbeiters. Wir lassen ihn »tun« und ausprobieren – und fragen nach: Wie hat es funktioniert? Wir geben **Feedback**: Wie nehmen wir ihn, sein Tun und seine Resultate wahr? Und wir investieren in den Mitarbeiter – in Form interner und externer **Fortbildungen**.

5

Das Ampel-Prinzip

Gute Kunden wählt man selbst

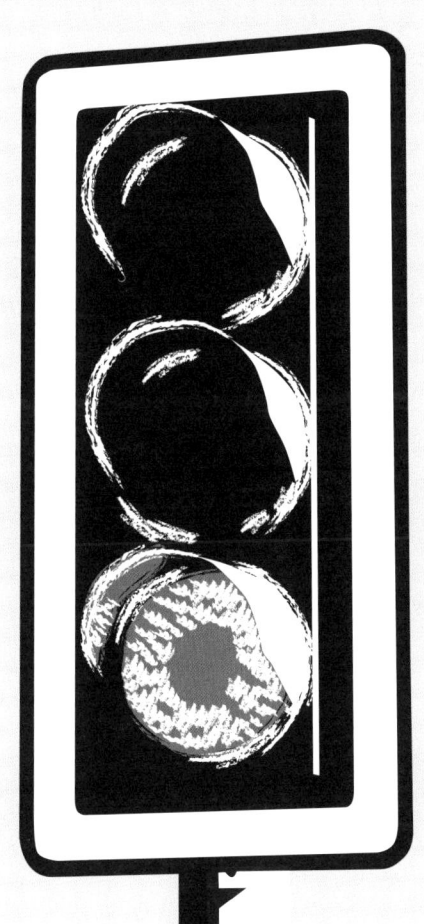

So etwas gibt's nicht alle Tage: Ein internationaler Markenkonzern schrieb einen Drei-Jahres-Vertrag aus. Das Ganze klang vielversprechend und lukrativ. Bis mir bei der Durchsicht der Unterlagen das vorgegebene Zahlungsziel auffiel: Rechnungsstellung zum Monatsende, dann erst läuft die Zahlungsfrist von nochmals 120 Tagen! Wir sollten unsere erbrachte Leistung über vier Monate lang vorfinanzieren? War das ein Tippfehler? Ich rief die zuständige Mitarbeiterin des Konzerns an. Freundlich erklärte ich, warum wir mit diesem Zahlungsziel nicht einverstanden seien. Ihre knappe Antwort: »Bitte verstehen Sie, dass unser Unternehmen das Thema Cashflow sehr ernst nimmt. Aber wenn Sie finanzielle Engpässe haben, können wir Ihnen mit einem Kredit helfen.«

AUCH EIN NEIN IST ERLAUBT

Am liebsten hätte ich grußlos aufgelegt, diese Antwort empfand ich als dreist. Ich fing mich und erwiderte: »Die finanzielle Professionalität Ihres Konzerns finde ich großartig. Sie sollten aber wissen, dass wir diesbezüglich ebenso denken und die Sache mit dem Cashflow nicht minder ernst nehmen. Deswegen müssen wir ein solches Zahlungsverhalten auch ablehnen.« Betretenes Schweigen am Ende der Leitung.

Dann beschied ich der Dame, dass wir gerne Dienstleister ihres Konzerns sein würden, es aber nicht sein können, weil wir eine solche Abweichung zwischen Leistung und Gegenleistung zu unserem Nachteil nicht akzeptieren. Es war ihr nicht möglich, einzulenken. Ende des Gesprächs. Und damit auch **Ende** der Teilnahme an dieser Ausschreibung.

Warum dieser harte Schnitt? Wenn Kundenanforderungen auf Kosten der Gesundheit meines Unternehmens gehen, scheue ich nicht davor zurück, die Gelbe oder Rote Karte zu zeigen. Dabei habe ich immer die **Verantwortung** im Hinterkopf, unsere Leistungsfähigkeit für unsere anderen Kunden gesund zu halten. Das ist kein Egoismus. Es dient dazu, unseren Kunden ein langfristiger, fitter und belastbarer Partner bleiben zu können – und kein Wackelkandidat.

VERTRÄGE MUSS MAN VERTRAGEN KÖNNEN

Von Kundenseite hören wir ab und an den Kommentar: »Das hätten andere schon längst unterschrieben. Sie können doch froh sein, den Vertrag mit uns zu schließen!« Richtig – wir sind froh, und andere hätten vielleicht schon unterschrieben –, sie nehmen es dann aber nicht so ernst wie wir.

Vertragsverhandlungen sind eine Herausforderung. Bevor sie beginnen, werden operativ allgemeine Rahmenbedingungen festgelegt und in Verhandlungsrunden Preise und Leistungen fixiert sowie Aufgaben und Verantwortlichkeiten verteilt. Doch dann kommt der schriftliche Vertrag. Von Wartung bis Haftung, von Investitionen bis Zahlungsmodi – alles noch nicht konkret im Vorfeld besprochen. Wir gehen es Zeile für Zeile, Wort für Wort durch und akzeptieren nicht einfach Risiken, die uns überfordern könnten. Ich empfinde es sogar als Pflicht, Verträge sorgsam zu lesen und zu gestalten. Und somit nur das zu unterschreiben, was man wirklich zusagen will und kann. Verträge werden dafür erstellt, dass sich beide Seiten mit ihren Rechten und Pflichten dem anderen gegenüber **verlässlich** zeigen. Wer die Inhalte übergeht oder gar ignoriert, ist natürlich schneller beim

Vertragsabschluss – aber das kann im Falle einer späteren schwierigen Situation sehr teuer werden (siehe Station Finanzen, S. 253).

Und genau deswegen stehen wir seit rund 40 Jahren stabil und kräftig als Partner zur Verfügung. Weil wir uns eben nicht haben überreden lassen, unkalkulierbare Risiken einzugehen. Weil wir keine Haftungssummen unterschreiben, die mit einem eintretenden Fall die ganze Unternehmenskasse plündern und uns manövrierunfähig machen würden. Auch wenn es unsere Kunden nicht immer gleich so sehen, es ist auch zu ihrem Vorteil, dass wir auf uns achten.

Ein altbekannter Wirtschaftsspruch lautet: Alles regelt der Markt. Wenn man unter »Markt« die Summe von **Abnehmern** versteht, die auf eine Vielzahl von **Anbietern** trifft, sind Unternehmen meist beides: Anbieter und Abnehmer. Wenn Kunden genauso mit ihren Lieferanten umgingen, wie sie von ihren Kunden als Lieferant behandelt werden wollten, wäre der Markt ein guter.

»Du kriegst immer nur die Freunde, die du verdienst«, singt Rainhard Fendrich in seinem Album *Männersache*. Übertragen kann man sagen: Jeder bekommt genau die Kunden, die er verdient.

EXPANSION FRISST RESSOURCEN

Vorsicht! Wachstumsdrang kann blind machen. In einer Studie über Ressourcenmanagement und Unternehmenserfolg heißt es: »Die Unternehmen hetzen geradezu in neue Projekte, um ihr Wachstum zu steigern, während sie ihre laufenden Geschäftsaktivitäten aufrechterhalten, wobei dies alles mit einem begrenzten Angebot an gemeinsam genutzten Ressourcen passiert. Im Endeffekt werden die Ressourcen überbelastet und unterbeansprucht, was sich negativ

auf Projektzeitpläne, Geschäftschancen, Innovationsgeschwindig-
keit, Produktivität und Budgets sowie die Kundenzufriedenheit aus-
wirkt.«[2]

Diese Aussage bringt das Dilemma mit den Ressourcen auf den
Punkt: Übersteigerter **Expansionsdrang** birgt das hohe Risiko, die
Gesundheit des Unternehmens und damit auch gleich seine mögli-
chen Wettbewerbsvorteile zu verspielen.

Erfolg stellt sich ein, so die Studie weiter, wenn Unternehmen
genau wissen, welche Ressourcen verfügbar sind, wo diese gebraucht
und wie sie am besten eingesetzt werden, um Wachstumsziele zu erreichen. Will heißen: Nutze deine Ressourcen effizient und intelligent.

In Situationen anstehender Expansion empfehle ich daher, sich die
beiden folgenden Fragen zu stellen:

1. Sind die (wie in jeder Organisation: begrenzten) **Ressourcen**, die
   ich für einen Kunden bereitstelle – zum Beispiel Mitarbeiter, Maschinen, IT oder Flächen – verhältnismäßig eingesetzt?
2. Sind die für einen Kunden zu tätigenden außerordentlichen **Investitionen** in Ressourcen (zum Beispiel die Erstausstattung
   eines neuen Standortes) auch für das eigene Unternehmen
   sinnvoll, wachstumsfördernd und langfristig rentabel?

Lautet die Antwort auf eine der Fragen klar »Nein«, dann bedarf es
des Gespräches mit dem Kunden, um eine Balance zu finden oder den
Einstieg zu lassen. Denn ich bleibe dabei: Eine funktionierende Part-

---

2 »The 2014 State of Resource Management and Capacity Planning Report«, Appleseed
   Partners, Dig Market Research.

nerschaft mit dem Kunden ist nicht zu haben ohne ein ausgewogenes Verhältnis von Geben und Bekommen.

Das konsequente Management eigener Ressourcen hat uns bis heute nur Vorteile gebracht. Und unseren Kunden auch. Weil wir ihnen gerne den Gefallen tun, uns nicht zu überheben. Weil wir gemeinsam den Weg in die Zukunft gehen wollen, damit unsere Geschäftsbeziehung solide bleibt, heißt: Kunde kann anfordern und Lieferant ist in der Lage, zu liefern.

RESSOURCEN FÜR GUTE KUNDEN

Wie manage und beurteile ich den sinnhaften Einsatz und wie mache ich die relevanten Ressourcen in meinem Unternehmen transparent? Indem ich mich umgekehrt frage, wie gesund, wertschöpfend und zukunftsfähig diejenigen sind, für die ich meine Ressourcen einsetze. Gute Ressourcen gehören guten Kunden!

Wir suchten nach relevanten, messbaren Kriterien, die klar darauf hinweisen, bei welchem Kunden unsere Ressourcen vernünftig und wertschöpfend eingesetzt sind oder nicht. Diesen Check haben wir über Jahre eher intuitiv vorgenommen – aber durchaus erfolgreich. Nun haben wir ihn formalisiert. Unsere wichtigsten Parameter haben wir vier Überbegriffen zuordnen können. Die Inspiration dazu kam durch die »Vier-Felder-Matrix« der Boston Consulting Group. Diese Portfolio-Analyse ermittelt, in welche Geschäftsfelder oder Produkte sinnvollerweise investiert werden sollte. Wir haben unser Tool **Vier-Fenster-Matrix** genannt, weil es uns das verschafft, was intelligentes Ressourcenmanagement ausmacht: Durchblick. (↗ siehe Abb. 4 – *Vier-Fenster-Matrix*)

Auf vier Themenfeldern stellen wir uns jeweils vier unterschied-
lich gewichtete Fragen. Aus den verschiedenen Bereichen unseres
Unternehmens holen wir die dafür relevanten Informationen ein
und bewerten die qualitativen Antworten je Frage mit einer Punktzahl von 0 bis 10. Das Ergebnis jedes der vier Segmente ist für uns auch
Indikator für notwendige kundenbezogene Maßnahmen.

1. Feld **Kennzahlen**:
   1. Wie groß ist der Anteil am Umsatz oder Rohertrag aller
      Kunden?
   2. Wie attraktiv ist die erzielbare Rendite?
   3. Wie lang ist das Zahlungsziel?
   4. Wie gut ist die Zahlungsmoral?

2. Feld **Zukunft**:
   1. Wie stark/zukunftsfähig ist das Kundenunternehmen?
   2. Wie hoch ist das Potenzial für Folgeaufträge?
   3. Kommen Aufträge regelmäßig, bringen langfristige Aus-
      lastung?
   4. Wie interessant sind die Herausforderungen, zum Beispiel
      bei den Themen Technik, Standort oder Dienstleistung?

3. Feld **Zusammenarbeit**:
   1. Wie fair ist der Umgang?
   2. Werden besondere Leistungen und Mitarbeiter anerkannt
      und persönlicher Kontakt und Beratung geschätzt?
   3. Wie hoch ist das Qualitätsbewusstsein?
   4. Wie ist die Preisbereitschaft?

4. Feld **Marketing**:
   1. Inwieweit ist die Referenz Türöffner für weitere Kunden der Branche?
   2. Empfiehlt uns der Kunde aktiv weiter?
   3. Lernen wir an dem Kunden und verbessern unser Leistungsportfolio?
   4. Wie hilfreich ist der Markenname des Kunden für das Employer Branding (Mitarbeiterbindung)?

Die grafische Darstellung der Punktzahlen der einzelnen Kriterien erfolgt im **Ampelsystem**: Sind alle oder die überwiegende Zahl der Felder grün, dann passen wir unsere Ressourcen für den Kunden gerne an, stellen zum Beispiel alles für einen neuen Standort, eine spezielle Maschine, mehr Personal oder IT-Schnittstellen bereit. Sollte aber Gelb oder Rot überwiegen, gilt erhöhte Aufmerksamkeit. Etwa, wenn die Zahlungsmoral schleppend wird.

Damit ist die Vier-Fenster-Matrix nicht nur ein Instrument für intelligentes Ressourcenmanagement. Sie dient uns auch als Seismograf für einen möglichen Wandel auf der Marktseite, den wir wie jedes andere Unternehmen rechtzeitig erkennen, einordnen und begleiten müssen, um gesund zu wachsen.

Schlussrunde

Ihre Gewinnerprinzipien für die Station
»Kunden«

Gekonntes Wachstum gelingt, wenn

... der Kunde sich angezogen fühlt von persönlicher
und präsenter Ansprache.

... er verbunden ist, weil er einen Mehrwert bekommt.

... neuen Anforderungen offen und flexibel begegnet wird.

... die besten Mitarbeiter an der Kundenfront agieren.

... die Ressourcen für die Kunden intelligent
eingesetzt werden.

MITARBEITER

Jedes Unternehmen hat eine Kraftquelle – die Mitarbeiter

Durch Wertschätzung und Einsatzfreude den Unterschied machen

Kunden sind die Daseinsberechtigung für unser Unternehmen. Ohne Kunden kein Geschäft. Doch richtig erlebbar und wertvoll wird unsere Arbeit erst durch unsere Mitarbeiter.

Welche Mitarbeiter sind die richtigen für mich? Und wie bringe ich die richtigen Mitarbeiter dazu, die richtigen Dinge zu tun? Viele glauben, Führung bedeute im Wesentlichen, Entscheidungen zu treffen. Tatsächlich aber beinhaltet gekonnte Führung sehr viel mehr, sie steht für eine auf Wertschätzung und Aufmerksamkeit gegründete und zum Mitarbeiter hin ausgerichtete **Haltung**.

Unsere Mitarbeiter machen den Unterschied. Nach außen im direkten Kontakt zu unseren Kunden, die die Qualität schätzen und sich deswegen zufrieden mit dem Unternehmen zeigen. Nach innen ist die Qualifikation und Motivation der Mitarbeiter entscheidend für die **Unternehmenseffizienz**. Und diese gute Arbeit erst ermöglicht Gewinn – eines der vorrangigen Unternehmensziele. Denn nur mit Überschüssen gelingt es, zu wachsen oder als Firma gesund zu überleben.

Unsere Mitarbeiter sind es, die mit ihrer Leistung und loyalen Einstellung zum Unternehmen solche Überschüsse ermöglichen – oder eben nicht. Statt als fleißiges »Bienenvolk« angesehen zu werden, das ganzjährig die ihm aufgetragenen Aufgaben gewissenhaft und gewinnbringend ausführt, verdienen unsere Mitarbeiter, so meine ich, ein ganz anderes Label: Sie sind die **Kraftquelle** des Unternehmens.

An dieser Station möchte ich darstellen,
- wie Mitarbeiter als Zeichen der Wertschätzung überrascht werden können,
- wie Motivation, Selbstbewusstsein und Einsatzfreude von Mitarbeitern gestärkt werden,

- wie gemeinsam ein verbindliches Wertesystem entwickelt und gelebt werden kann,
- weshalb guten Mitarbeitern in bestimmten Momenten die Bühne überlassen werden sollte,
- warum nicht nur gefordert, sondern auch gefördert werden muss.

Lassen Sie sich inspirieren von den im Folgenden aufgezeigten fünf Prinzipien, die dazu gedacht sind, die Kraftquelle eines Unternehmens zum Sprudeln zu bringen.

1

Das
Give-&-Get-Prinzip

Mitarbeiter wertschätzen und überraschen

Wenn Mitarbeiter sich nicht um Effizienz kümmern und ihre Führungskräfte sie auch nicht daran messen, fehlt die Marge, und aus einem Auftrag droht ein Minusgeschäft zu werden. Arbeiten Mitarbeiter besonders produktiv und setzen die von ihnen verwendeten Mittel kostenbewusst ein, bleibt das Unternehmen gesund und hat Mittel für neue Investitionen oder als Sicherheit für schwierigere Zeiten.

Ein Beispiel: Der Malermeister erstellt das Angebot, ein Garagentor für 900 Euro abzuschleifen und zu streichen. Er kalkuliert einen Materialanteil von 300 Euro und einen Aufwand von zwölf Stunden (zum Verkaufspreis je 50 Euro). Ist sein Mitarbeiter (etwa, weil er eine gute Technik entwickelt hat) sogar in elf Stunden fertig – steigt der Gewinn. Verwendet der Maler die Farbe ökonomisch, so benötigt er eine Dose weniger als berechnet. Hat sein Einkäufer aufgrund einer Sammelbestellung die Farbe günstiger eingekauft, so steigt auch hier die Marge für den Malerbetrieb. All dies als Folge richtiger Handlungen der Mitarbeiter.

Wann denken und handeln Mitarbeiter produktiv und ressourcenbewusst (Material, Zeit, Geld)? Wenn sie das Unternehmen so betrachten, als sei es **ihr eigenes**, sich im besten Sinne mit ihm verbunden fühlen. Und dies speist sich aus entgegengebrachter Wertschätzung und gegenseitigem Vertrauen.

Wer seinen Mitarbeitern zwischendurch etwas Besonderes bietet, kann darauf vertrauen, dass sie einiges zurückgeben: Engagement, Loyalität, Treue, Identifikation mit dem Geist des Unternehmens, Aufmerksamkeit. Sie setzen sich von sich aus dafür ein, dass es dem Unternehmen gut geht, dass es Gewinne erzielt und keinen Schaden erleidet.

Gelungene Überraschung

Ein Winterabend im Schwarzwald. Vor der Berghütte dreht sich der Wildschweinbraten am Spieß. Drinnen freuen sich nach einem intensiven Workshop-Tag die 30 Teilnehmer des Strategiemeetings auf ein gutes Essen. Zum Nachtisch bekommt jeder etwas ganz Besonderes in die Hand gedrückt – einen Motorradhelm. Verdutzte Gesichter, Gemurmel, fragende Blicke. Dann heißt es Jacke und Handschuhe an und raus geht's auf den Hof hinter der Hütte!

Draußen im Schnee stehen 30 Quads in Reih und Glied bereit, mit aufgeblendeten Scheinwerfern und brummenden Motoren. Alle Teilnehmer machen große Augen – wow, was für ein Anblick! Die Überraschung ist gelungen. Jeder sitzt auf »seinem« Quad und nach kurzer Einweisung geht es in zwei Gruppen los, über Straßen, durch Waldwege und auf Slalomstrecken. Ein Gefühl von Teamspirit und Abenteuer. Eine Riesengaudi. Ein Erlebnis, von dem unsere Mitarbeiter noch heute schwärmen.

Zugegeben, die ganze Sache war wirklich aufwendig und auch kostspielig. Weil Quads im Winter – wie Motorboote – meist bis ins Frühjahr eingemottet sind, mussten wir Vermieter in ganz Süddeutschland ansprechen und bitten, ihre Fahrzeuge in den Schwarzwald zu transportieren. Aber ich

→

→ habe keinen Euro bereut, es war sehr gut investiertes Geld!
Als ein wertschätzender Dank an die Teilnehmer für ein
erfolgreiches Jahr. Dieses Gemeinschaftserlebnis hat zudem
einen ordentlichen Obolus in den Spirit der Firma einge-
zahlt.

Manch einer mag solche Teamentwicklungsveranstaltungen über-
trieben finden, und sicher braucht es viele einzelne Maßnahmen, um
die Leistungspotenziale von Mitarbeitern freizulegen und zu fördern.
Doch Sinn und Erfolg einer solchen Aktion liegen weniger in Leis-
tungssteigerung als in der Festigung der kollegialen Verbundenheit
unter den Mitarbeitern – jener vielfach unterschätzten Beziehungs-
qualität, auf der das gute Miteinander und Füreinander bei der Arbeit letztlich fußt.

Erfolge sollten wir unbedingt feiern – mit unseren Mitarbeitern!
Sei es ein gelungener Großauftrag, ein neuer Standort, gute finanzielle Ergebnisse oder das Ende eines turbulenten Jahres mit vielen
Neuerungen. **Give me five**, die erhobene Hand in die des Gegenübers
schlagen. Gratulation und Dankeschön!

Wenn Teams jenseits des Arbeitsalltags gemeinsam etwas Besonderes erleben, schweißt das nicht nur enger zusammen. In der lockeren Freizeitatmosphäre entdecken sie an den Kollegen oft auch ganz
neue Seiten. Der stille IT-Mann entpuppt sich als echte Sportskano-
ne. Die sonst eher unnahbar wirkende Abteilungsleiterin zeigt sich
als herzensguter Schutzengel. Welch eine Bereicherung für das Ar-
beitsklima, wenn sich Kollegen in ihrer ganzen Vielfalt kennen- und

schätzen lernen! Und wenn mögliche Animositäten aus dem Arbeitsalltag plötzlich verschwinden.

Solche Gemeinschaftsaktivitäten sind »Zugaben«, also Überraschungsmomente, und nicht Alltag! Doch auch der Arbeitsalltag sollte gute Rahmenbedingungen bieten. In unserem Unternehmen zeigen wir immer wieder mit kleinen oder größeren Aufmerksamkeiten, dass wir unsere Mitarbeiter und ihr Engagement schätzen: Schalen mit frischem Obst, Kaffee und Wasser frei, Geburtstagspräsente und Feiern von Mitarbeiterjubiläen, Weihnachts- oder Sommerfeste, Meetings in außergewöhnlichen Locations. Auch lässt der Standortleiter im Sommer mal einen Eiswagen vor die Produktionshalle vorfahren und spendiert eine Abkühlung. Und dies alles kommt von Herzen und geschieht aus innerer Überzeugung: Wir beschäftigen nicht nur motivierte Arbeitskräfte, sondern interessante Menschen.

AUFMERKSAMKEITEN IM ALLTAG

Wertschätzung muss nicht teuer sein, darf aber auch ruhig etwas kosten, finde ich: In der Faschingszeit gibt der Standortleiter Berliner (Krapfen) für alle aus. Anlässlich eines Nachmittagsspiels der deutschen Mannschaft bei einer Fußball-WM laden wir die Mitarbeiter zum »Public Viewing« mit Pizza- oder Burgerstand ein. Nach einem kopflastigen Workshop organisiert der Geschäftsführer für das Team ein Minigolfspiel auf Rasen mit anschließendem Abendessen. Bei einem Außer-Haus-Meeting lassen wir auch mal ein interaktives Krimidinner ins Hotel kommen. Einige Teams erleben ein abendliches Bogenschießen mit Leuchtpfeilen, andere rudern gemeinsam, unternehmen Ausflüge in den Klettergarten oder lernen Töpfern.

Für ihre Mitarbeiter organisieren die Standorte Sommerfeste und es wird ein »Family Day« angeboten, bei dem auch die Angehörigen hinter die Kulissen schauen dürfen. Die jährliche Weihnachtsfeier der leitenden Angestellten, die anfangs aus einem gemeinsamen Abendessen mit einer Rede des Gesellschafters bestand, haben wir zu einer festlichen Veranstaltung mit Talkrunde der vier Geschäftsführer, Essen, Livemusik und Rahmenprogramm erweitert.

Die ABC-Frage

Das Forschungsinstitut Gallup untersucht die Leistungsgruppen der Mitarbeiter in Unternehmen und ermittelt jährlich den durchschnittlichen Anteil von »Typen«, die als Mutmacher (A), Mitmacher (B) und Miesmacher (C) bezeichnet werden können. Die Gruppe A, laut aktueller Erhebung mit 15 Prozent Anteil, zieht den Karren und strebt voran, Gruppe B, mit 69 Prozent, folgt den Anweisungen und läuft nebenher, und C, deren Anteil bei 16 Prozent liegt, hat innerlich gekündigt und bremst die anderen aus.[3] Welcher Anteil der Mitarbeiter in Ihrem Unternehmen zu A, B oder C gehört (»get«), entscheidet sich maßgeblich durch Umsetzung und Intensität des »give«.

---

3 Gallup Engagement Index Deutschland 2019.

Um auch übers Jahr hinweg immer wieder für ein Lächeln bei ihnen zu sorgen, stellen wir den Mitarbeitern in unserer Zentrale zu Ostern und an Nikolaus eine kleine Aufmerksamkeit auf den Tisch. Mit persönlichem Anschreiben. Dies ist eine Aufgabe der Geschäftsführung und deren Assistenz. Zum Geburtstag erhalten die Mitarbeiter ein kleines Präsent mit Glückwunschkarte, unterschrieben von allen Kollegen. Auch an unsere Auszubildenden denken wir: Sie bekommen nach bestandener Prüfung einen Geschenkkorb überreicht.

»Geben« als **Wertschätzung** wirkt sich auf die Arbeitshaltung aus. Ich bin der festen Überzeugung, dass die wenigsten unserer Mitarbeiter abends mit der freudigen Erwartung nach Hause gehen, dass jetzt endlich das eigentliche Leben beginnt. Weil unsere Mitarbeiter auch während der Arbeit das Gefühl haben, lebendig zu sein, gebraucht zu werden und sich einbringen zu können. Geldliche Zuwendungen als »Lockvogel« allein würden dies niemals bewirken.

WIE DU MIR, SO ICH DIR

Dem Modell »Tit for Tat« aus der ökonomischen Spieltheorie zufolge gewährt ein Akteur seinem Gegenüber zunächst einen Vertrauensvorschuss, indem er sich freundlich verhält. Er tut dies aber nur so lange, wie sich sein Gegenüber ebenso verhält. Hat der Gegenspieler zuvor kooperiert, so **kooperiert** auch der andere Spieler. Hat der Gegenspieler in der Vorrunde hingegen »unfreundlich« agiert, so antwortet der erste Akteur zur Vergeltung genauso.

Auch in der Wirtschaftspraxis gilt diese Voraussetzung. Kein Unternehmen wird seine Angestellten wiederholt mit kostenträchtigen Zuwendungen verwöhnen, wenn diese trotzdem immer nur Dienst nach Vorschrift schieben. Und kein Mitarbeiter wird sich ein Bein für seine Firma ausreißen, nur weil sie ihm gelegentliche einfallslose, kleine Geschenkchen spendiert.

Interessant an diesem Modell aber ist, dass sich beide Beteiligten in der **Ausgangssituation** kooperativ verhalten. Die Tit-for-Tat-Strategie ist daher zunächst eine *freundliche* Strategie. Das Give-&-Get-Prinzip funktioniert noch subtiler, mit Sensibilität und Augenmaß. Beim »Geben und Bekommen« wird der Vertrauensvorschuss vom Unternehmen grundsätzlich, also immer gewährt, heißt: Das Unternehmen wird seine **positive Grundhaltung** zu Mitarbeitern allgemein nicht ändern, denn es sucht nach solchen, die ebenfalls bereit sind, zu kooperieren und mehr zu geben. Mitarbeiter, die das schätzen und sich einbringen, passen zum Unternehmen. Diejenigen, die die Geste des Unternehmens nur einseitig sehen (nur nehmen), werden ihre Einstellung entweder ändern – oder nicht lange im Team bleiben.

Hinter dem Give-&-Get-Prinzip steht keine rein ökonomische Kosten-Nutzen-Rechnung. Denn Gabe und Gegengabe sind freiwillige Leistungen, sie lassen sich nicht eins zu eins in der Gewinn-und-Verlust-Rechnung abbilden. Vielmehr dient dieser Tausch immer dazu, Beziehungen erst einmal herzustellen, aufrechtzuerhalten und zu festigen. Dabei geht es gar nicht um die egoistische Frage, was man sich durch das Geben als Gegenleistung nehmen oder erwarten kann (dann hieße es »Give-&-*Take*-Prinzip«), sondern um das Vertrauen in die Kooperationsbereitschaft des anderen.

DIE AUSNAHME: VERTRAUENSBRUCH

Wenn Sie jetzt fragen, ob mein Vertrauen in das Engagement meiner Mitarbeiter niemals enttäuscht wurde, muss ich antworten: Oh doch, und zwar heftig! Kurz nachdem ich die Führung der Firma übernommen hatte, kam es zu einem echten Krimi im Unternehmen. Die Leiterin eines unserer Standorte hatte sich damals durch betrügerische Machenschaften bereichert. Sie streute bei einigen Kunden das Gerücht, unser Unternehmen würde den Standort bald schließen, und bot an, den aufgebauten Kontakt selbständig weiter zu pflegen und zu bedienen. Sie mietete über ihren Ehemann in unmittelbarer Nachbarschaft eine eigene Fläche an. Den verdutzten Mitarbeitern erzählte sie, dies sei eine neue Außenstelle der Firma. Das Unglaubliche dabei war, dass sie dort zum Teil mit unseren Maschinen und unseren Mitarbeitern – also auf unsere Kosten – arbeitete. Die Rechnungen schrieb sie auf ihrem eigenen Briefpapier und ließ das Geld für unsere Dienstleistungen auf ihr Konto überweisen. Ein Kunde informierte mich, und zusammen mit zwei Mitarbeitern und einem Detektiv kamen wir der Dame auf die Schliche. Der Betrug flog auf und wir trafen uns vor Gericht wieder.

Dieses Erlebnis hat mich in Sachen Vertrauen zu meinen Mitarbeitern zunächst stark irritiert, aber meine grundsätzliche Haltung nicht verändert. Vielmehr habe ich mir damals fest vorgenommen, diesen Vorfall als Einzelfall, als absolute **Ausnahme** zu betrachten. Nur wegen *eines,* wenn auch massiven Vertrauensbruchs durch Gewissenlosigkeit wollte ich künftig nicht Misstrauen mit der Gießkanne über alle Mitarbeiter verteilen. Nein, ich glaubte und glaube weiterhin fest an das Gute im Menschen, an seine Rechtschaffenheit, seinen Leistungswillen, seine Loyalität. Zudem war mir schmerzhaft bewusst, dass es auch mein Fehler war, zu wenig Interesse und Aufmerksamkeit gegenüber diesem Standort aufgebracht zu haben. Aus dieser Lektion habe ich einiges in Bezug auf Kundennähe und Systeme im Unternehmen gelernt. Ich reagierte, indem ich mein Büro aus der Zentrale für ein Jahr an diesen Standort verlegte, dort von Grund auf die Zusammenhänge und Abläufe neu gestaltete und leitete, um sie dann wieder in geeignete Hände zu übergeben.

In den bald 25 Jahren meiner Tätigkeit für unser Unternehmen erlebte ich nur diesen und einen weiteren, in den Auswirkungen allerdings längst nicht so erheblichen Vertrauensbruch. Diese beiden Einzelfälle wiegen nichts im Vergleich zu den mannigfaltigen vertrauensvollen Begegnungen mit unseren Mitarbeitern und meinen Kollegen über die vielen Jahre. Wenn ich Mitarbeiter nach sorgfältiger Prüfung einstelle, sie fair behandle und wertschätze, dann will ich ihnen auch vertrauen können. Das fühlt sich nicht nur gut an, das hält auch den **Kopf frei** für Wichtigeres.

Wer Vertrauen gibt, erhält Loyalität zurück. Daher ist das Prinzip des Gebens wichtiger Teil der **Führungsaufgabe**: sich immer wieder einmal Zeit für Ideen zu nehmen, wie und womit Mitarbeiter erfreut und überrascht werden könnten. Und zwar aus der Überzeugung heraus, dass sie es verdienen.

Wenn Mitarbeiter goldrichtig sind

Vor einigen Jahren entschieden wir uns in der Geschäftsführung dazu, bei grundsätzlichen, strategischen Fragestellungen und Entscheidungen verdiente Mitarbeiter der zweiten Ebene stärker einzubinden. Dazu riefen wir ein neues Gremium ins Leben, das »Management-Board«, kurz MaBo. Neben den vier Geschäftsführern wählten wir sieben weitere Mitglieder aus. Ihre Ernennung erfolgte persönlich, die Einberufung und erste Zusammenkunft des Gremiums sollte daher etwas Besonderes werden.

Welche Region eignete sich für ein Unternehmen, das in Deutschland, Österreich und der Schweiz agiert, besser als der Bodensee? Nicht nur, aber auch, weil Wasser für »ständiges Fließen« und damit symbolhaft für ein Sich-Entwickeln steht – was der Idee des MaBo genau entspricht! Das Hotel in Radolfzell hatte eine Dachterrasse mit herrlicher Aussicht auf den See, für mich ein Bild des Weitblicks, den wir uns von den Teilnehmern wünschten. All diese beziehungsreichen Gedanken waren im Einladungsschreiben an die neuen MaBo-Mitglieder schon formuliert.

Um den Gästen die Wertschätzung und den Grund ihrer Ernennung deutlich zu machen, bat ich alle zehn Kollegen, auf einen nahe gelegenen Bootssteg mitzukommen. »Extra für

→

→ uns?« war die erste Frage eines der Teilnehmer auf dem Weg zum See. Vor uns sahen wir unter zwei Sonnenschirmen weiß gedeckte Tische, auf denen ansehnlich dekoriert neben Sektkühler, Mineralwasser und Gläsern auch kleine Snacks bereitstanden. Zwei freundliche Servicekräfte empfingen uns. Und im Wasser lagen zwei Motorjachten, mit denen wir später über den See zum Abendessen gebracht werden sollten.

Am Steg begrüßte ich das Team, hielt eine kurze Ansprache und beendete sie mit den Worten: »Ich weiß, dass man Ihnen Sand in die Hand geben kann und Sie Gold daraus machen. Sie lösen Probleme – und was immer Sie anpacken, wird gut. Deswegen sind Sie Teil des MaBo. Sie sind wertvoll, ja, Sie sind Gold wert!« Und dabei erhielt jedes Mitglied seinen persönlich beschrifteten, handverpackten kleinen Barren Feingold. Eine Geste, die für bleibende Erinnerungen sorgte und ganz im Sinne des »Gebens und Bekommens« war.

Ende 2019 haben wir den Kreis des MaBo um fünf verdiente Teilnehmer erweitert. Wachstum spiegelt sich überall wider und führt zu entsprechenden Anpassungen in allen Bereichen. Die Lemniskate lebt!

(2)

Das SZ-Prinzip

Mit gutem Spirit kommen gute Zahlen

»Il est plus facile d'allumer un feu que l'empêcher de brûler« – dieses französische Sprichwort bringt die aus meiner Sicht größte Herausforderung in Sachen Mitarbeiter auf den Punkt: »Es ist leichter, ein Feuer zu entfachen, als es am Lodern zu halten.« Die richtigen Mitarbeiter zu finden, ist eine Herausforderung an sich. Ihr Engagement und ihre Loyalität dauerhaft zu fördern, ihr Feuer für die Firma am Lodern zu erhalten, ist dagegen eine ungleich anspruchsvollere und diffizilere Aufgabe, die allen Führungskräften einigen Einsatz und Zeit abverlangt. Der zu erzielende Effekt allerdings lohnt diesen Aufwand allemal – wie zum Beispiel die folgende Geschichte zeigt.

Es war ein warmer Freitagabend im Mai, gegen 23 Uhr. Das portugiesische Lokal, in dem wir an einer langen Tafel aßen, leerte sich langsam. Wir waren etwa 25 Personen, die sich nach dem Halbjahresmeeting der deutschen und Schweizer Führungskräfte hier zum Abendessen trafen. In einer kleinen Pause zwischen Hauptspeise und Dessert stand ich mit zwei Kollegen vor der Eingangstüre und sprach mit ihnen über unseren Standort Hamburg. Plötzlich gesellte sich eine Dame zu uns. Sie saß mit einer Freundin an einem Nebentisch im Restaurant und war nun zu uns vor die Tür gekommen. »Ich möchte Sie etwas fragen«, begann sie. »Meine Freundin und ich überlegen die ganze Zeit, was für eine Gruppe Sie sind. Zuerst dachten wir an eine Familienfeier, aber dafür fehlen die Kinder und Großeltern. Sind Sie etwa eine Firma?« Das war ein sehr schönes Kompliment. Scheinbar wirkten wir wie eine lockere Familienrunde. Und weiter: Allein die Wahl des Lokals sei schon ein Hinweis auf guten Geschmack. Hier würde ihr Chef niemals hinfinden, meinte sie beiläufig.

Unsere Gesprächspartnerin zog ihre Begleiterin hinzu – beide sind übrigens leitende Angestellte eines börsennotierten Internet-Providers. Sie würden sich gerne mit uns darüber unterhalten, wie eine solche Stimmung, ein offensichtlich hierarchieloses Auftreten mit Spaß und gegenseitigem Respekt, in einer Firma entstehen kann.

Das Gespräch wurde beinahe philosophisch: Was sind Motivatoren? Was veranlasst Menschen, zu ihrem Arbeitgeber zu halten? Was braucht es, um ein gutes Betriebsklima herzustellen? Wie wird Topleistung möglich? Und welchen Anteil daran haben einfache Gesten wie dieses Abendessen in einem netten Restaurant? Ich brachte meine Auffassung zum Ausdruck, wie essenziell es sei, Mitarbeitern auf verschiedenste Weise und immer wieder Wertschätzung entgegenzubringen und auch gemeinsame Erfolge adäquat zu feiern. Wertschätzung ist doch der größte Motivator, den wir haben – und in der Realität eher Mangelware! Meine Gesprächspartner stimmten zu.

WERTSCHÄTZUNG: MOTIVATOR UND MANGELWARE ZUGLEICH

Laut einer Gallup-Studie sind Mitarbeiter, die sich von ihren Vorgesetzten anerkannt fühlen, bis zu 21 Prozent produktiver.[4] Und einer Umfrage zufolge fühlen sich aber nur elf Prozent der Befragten in ihrem Job ausreichend und 43 Prozent manchmal wertgeschätzt, 46 Prozent haben dieses Gefühl nie.[5] Kurz: Die Mehrheit erhält vom Arbeitgeber nicht die gewünschte Anerkennung. Die Konsequenz kann sein, dass die Talentierten bei nächster Gelegenheit den Job wechseln.

---

4   Gallup: »State of the Global Workplace: Employee Engagement Insights for Business Leaders Worldwide«, 2013.
5   Monster-Umfrage: »Wertschätzung am Arbeitsplatz und Tipps«, 2015, http://info. monster.de/Monster-Umfrage-Wertschaetzung-am-Arbeitsplatz/article.aspx

Und diejenigen, die bleiben, drosseln ihre Leistung und erledigen ihren Dienst nach Vorschrift.

Kennen Sie das? Ein Bewerber wird eingestellt – und dann bekommt ihn die Führungskraft erst beim jährlichen Mitarbeitergespräch wieder zu Gesicht. Nicht verwunderlich, wenn sich der neue Mitarbeiter in dieser Zeit denkt: »Ich bin meinem Chef total egal. Ihn interessiert scheinbar nur, ob die vorgegebenen Ziele erreicht werden.«

Ich glaube, kein Mitarbeiter möchte permanent auf Händen getragen werden. Doch wohl jeder möchte bisweilen **gesehen, gehört und verstanden** werden. Mehr als einmal im Jahr möchten Mitarbeiter erleben, dass sich die Führungskraft für sie und ihre Arbeit interessiert – nicht nur als Ertragsbringer, sondern auch als Mensch, als Persönlichkeit, als talentierte Unternehmenskraft.

Aufrichtiges Interesse am anderen ist das Gegenteil von Ignoranz. Letzteres wird mancher Führungskraft gerne nachgesagt. Hingegen ist Kontakt und Interesse auch eine schöne Art der Höflichkeit, die Führungskräften gut ansteht! Ich komme beispielsweise jeden Tag mehrfach direkt am Schreibtisch einer Mitarbeiterin aus der Buchhaltung vorbei. Einmal im Monat übergibt sie mir die Betriebswirtschaftliche Auswertung (BWA), sonst braucht sie mich eigentlich fast nie. Aber ich signalisiere auch zwischendurch mein Interesse an ihrer Arbeit, erkundige mich zu Fachfragen oder anderen Themen und finde Anknüpfungspunkte für ein kurzes Gespräch.

Nachfragen oder **Kontrollen** zu Erledigtem hat für mich übrigens rein gar nichts mit Überwachung oder gar fehlendem Vertrauen zu tun. Sondern mit **Interesse** an der spezifischen Arbeit meiner Mitarbeiter, an deren Herausforderungen, an ihrem jeweiligen Befinden. Wie oft hört man, nachhaltige Motivation sei intrinsisch, könne also gar nicht rein von außen gesteuert werden. Das ist sicher richtig, jedoch die Haltung des Mitarbeiters zu seiner Arbeit und zum Unternehmen lässt sich durchaus durch **Aufmerksamkeit** und Wertschätzung, durch positive Rückmeldungen der Führungskraft beeinflussen.

FEEDBACK GEBEN

Unter Interesse und Feedback verstehe ich auch, viele Fragen zu stellen. Und dies immer wieder. Was sind die aktuellen Herausforderungen und welche Lösungswege existieren schon? Was kann vor Ort verbessert und wie können Mitarbeiter dabei unterstützt werden, gute Resultate zu erzielen. Dies aber nicht erst und ausschließlich in Form eines formalisierten Mitarbeiter-Jahresgesprächs, in dem gesammelte Ereignisse, die weit zurückliegen, oberflächlich besprochen werden. Wir haben solche Methoden auch in unserem Unternehmen ausprobiert und sind davon abgekommen, sie dauerhaft einzuführen. Meistens laufen solche Termine zudem darauf hinaus, dass der Mitarbeiter nur einen Hintergedanken hegt: War ich gut? Bekomme ich mehr Gehalt? Das ist mir zu mechanisch!

Lieber halte ich als Führungskraft die Augen ständig offen und spreche wichtige Themen dann an, wenn sie gerade auf den Tisch kommen. Egal ob kurze Nachfrage, Lob oder Kritik. Kleine, mündliche Feedbacks zu aktuellen Situationen im Arbeitsalltag zeigen dem Mitarbeiter auf, wo er sich verbessern kann oder wo er gerade gut ist. Zeitnah, solange er sich eben noch an die zu kritisierende Gegebenheit erinnert. Es zeigt ihm mein Interesse an seiner Arbeit. Und natürlich habe ich als Führungskraft großes Interesse daran, dass alle meine Mitarbeiter ihre Arbeit bestmöglich erledigen können.

Auch Google forscht seit Jahren, um für seine Manager zentrale Führungsmerkmale zu identifizieren. Die Ergebnisse des »Project Oxygen« sind seit 2017 zum Teil veröffentlicht worden. Sie sind empirisch belegt, jedoch nicht bahnbrechend. Interessant aber ist es, zu sehen, wie reflektierend ein solcher Technikriese denkt. Zu den acht Eigenschaften einer guten Führungskraft gehört laut Google, dass sie an dem Erfolg der eigenen Teammitglieder ebenso interessiert ist wie daran, dass es ihnen gut geht. Die dafür notwendige emotionale Intelligenz der Führungskraft reife in drei Hierarchiestufen des sich Einfühlens: von »Ich fühle mit dir« (Mitgefühl) über »Ich verstehe dich« (Empathie) bis »Ich möchte dir helfen« (Barmherzigkeit/Hilfsbereitschaft).

Führung, die gelingt, ist eine wertschätzende, ehrlich am Menschen interessierte Haltung. Und diese spiegelt sich in loyalem, authentischem und engagiertem Einsatz der Mitarbeiter.

DER SZ-EFFEKT

Wenn die Zahlen gut sind, ist die Stimmung gut, sagt man. Und wenn die Zahlen einbrechen, geht es auch mit der Stimmung im Betrieb bergab. Meine Erfahrung ist genau umgekehrt: Wenn es im Unternehmen »raucht«, wenn Befindlichkeiten und Schuldzuweisungen das Betriebsklima negativ prägen, dann schlägt sich das in sinkenden Ergebnissen nieder. Dicke Luft im Betrieb hat eine unmittelbare Auswirkung auf die Motivation, die Leistung und somit die Ergebnisse.

Das bedeutet im Umkehrschluss, dass bei gutem Miteinander Engagement, Loyalität und Produktivität der Mitarbeiter steigen. Und somit auch die Güte der Ergebnisse, der Verkaufserfolg, die Marge.

Kurz: Die Stimmung, der Spirit hat großen Einfluss auf die Zahlen. Wie im Alphabet kommt auch hier das S vor dem Z!

Sorgen wir also für gute Stimmung, bauen wir einen guten Spirit im Unternehmen auf und schaffen damit ein Klima, in dem die Geschäfte gedeihen können und die Finanzen stimmen. Sicher trübt ein geplatzter Auftrag oder ein Disput unter Kollegen auch bei uns mal die Stimmung. Aber das erschüttert nicht den grundsätzlich stabilen Spirit des Unternehmens, die freundliche Zugewandtheit, die das Betriebsklima prägt.

Für Führungskräfte bedeutet es, nicht nur auf Einzel- und Team*leistung,* sondern auch auf den Team*geist* zu achten. Die Geisteshaltung des Einzelnen ist letztlich das, was den Spirit im Team prägt und die Leistung fördert, das Feuer am Lodern hält. Die dadurch erzeugte Mitarbeiterenergie wird zur treibenden Kraft für das Unternehmenswachstum.

MITARBEITER ERWISCHEN

In einem Führungsseminar bekamen wir die Empfehlung: »Erwischen Sie den Mitarbeiter, wenn er etwas *Gutes* gemacht hat.« Erwischen? – Das passt ja wohl eher auf eine Situation, in der jemand etwas Falsches oder Unbefriedigendes getan hat. Auf Fehler hinzuweisen und konstruktive Kritik zu üben ist wichtig! Positive Kritik ist allerdings die andere und mindestens ebenso wichtige Seite der Medaille: Mitarbeitern eine anerkennende Geste des Vertrauens zu zeigen und deren Stärken zu stärken.

Es gibt Managementberater, allen voran Reinhard K. Sprenger mit seinem Buch *Mythos Motivation,* die vom Loben entschieden abraten, weil es eine Geste von oben herab sei, die den Gelobten infantilisiere und klein mache. Ich sehe das aus den genannten Gründen und aus eigener Erfahrung völlig anders. Wenn ich mich als Führungskraft eines zu Recht zu erteilenden Lobes enthalte, verzichte ich auf ein wichtiges Motivationsinstrument. Aufrichtiges, konkretes Lob ist Anerkennung und stärkt die Lust auf Leistung. Lob betont außerdem die Stärken der Mitarbeiter und macht sie selbstbewusster. Es auszuklammern würde auch bedeuten, nicht mehr »Danke« zu sagen!

Anerkennung gibt man aus **Überzeugung**. Man sollte nicht loben, nur weil ein Lob »fällig ist«. Sondern weil man wirklich überzeugt ist, dass die Leistung eines Mitarbeiters richtig gut war. Nur solch ein Lob nimmt das Gegenüber als authentisch wahr.

PRAXISTIPP

Nutzen Sie das **dreistufige Lob**, wenn Sie etwas wirklich gut fanden. »Herr Hintze, es hat mir sehr gut gefallen, wie Sie in unserem Meeting auf die Einhaltung der Zeitschiene geachtet haben (1). Damit haben Sie mir geholfen, dass ich zu meinem nächsten Termin pünktlich erscheinen konnte (2). Und das trotz Stau – ich war sehr erleichtert (3).«

- Stufe 1 – Sie beschreiben genau, **was Ihnen gefallen** hat. Denn das ist auch eine klare Botschaft an den Mitarbeiter: Solch eine Leistung würde ich auch beim nächsten Mal sehr gerne wieder von Ihnen sehen!

→

→
- Stufe 2 – Nennen Sie, was das *für Sie* **Hilfreiche**, das Besondere war.
- Stufe 3 – Stellen Sie den persönlichen, **emotionalen Bezug** her. Damit stärken Sie das Lob, weil Sie dem Mitarbeiter auch die Wirkung seines Tuns vor Augen führen.

»Das alles soll ich als Führungskraft neben dem Tagesgeschäft schaffen?« Ja, natürlich. Der größte Anteil am Tagesgeschäft soll ohnehin den Mitarbeitern zustehen. Führen heißt aber vor allem koordinieren, delegieren, kontrollieren und motivieren. Gute Stimmung und guter Spirit im Team sind keine Selbstläufer, sondern sollten durch wohlüberlegte Einflussnahme der Führungskraft gestärkt und gepflegt werden. Das macht Führung neben der rationalen auch zur emotionalen Aufgabe!

MAGISCHE SIEBEN

Je größer ein Unternehmen wird, desto schwieriger gestalten sich natürlich die individuellen Feedbacks und Gesten der persönlichen Wertschätzung. Sie können aber gelingen und sich entfalten, wenn wir für übersichtliche Strukturen sorgen.

Hierfür ist die »Magische Sieben« ein probates Mittel. Um auf Mitarbeiter, deren Persönlichkeit, Aufgaben und Ergebnisse wirklich eingehen zu können, sollte, so besagt es eine Regel, eine Führungskraft nur für fünf bis maximal neun, idealerweise sieben Mitarbeiter direkt verantwortlich sein.

Es ist zudem vielfach erwiesen, dass Teams dann am besten zusammenarbeiten, wenn maximal sieben Mitarbeiter an einen direkten Vorgesetzten berichten. So bleibt die Atmosphäre persönlich und der Führungskraft Zeit und Gelegenheit, darauf zu achten, dass jedem Mitarbeiter genügend Aufmerksamkeit – nicht nur beruflicher, sondern auch persönlicher Art – zukommt. Wenn ich als Führungskraft auch individuelle Besonderheiten in Erinnerung behalte und gelegentlich nachfrage, signalisiere ich dem Mitarbeiter: Ich habe dir zugehört und nehme Anteil an dem, was dich umtreibt.

Sind mehr als neun Mitarbeiter im direkten Verantwortungsbereich, sollte alsbald eine weitere Leitungskraft eingesetzt oder eine nächste Ebene eingezogen werden. Vor dieser Aufgabe stand unser Deutschland-Geschäftsführer, als er in der wachsenden Unternehmung immer mehr Standorte und deren Leiter – es waren nun bereits mehr als zehn – direkt zu betreuen hatte (siehe Station Prozesse, S. 189).

3

Das Wir-Prinzip

*Nicht der Chef,
sondern das Team legt die Werte fest*

Kennen Sie den Leitbild-Generator oder den Sprücheklopfomat? Im Internet finden Sie derartige Angebote zuhauf. Sie nehmen gängige Worthülsen auf die Schippe, aus denen Leitbilder, Missionstatements oder Visionen zusammengebastelt sind: *»Der Kunde im Mittelpunkt«* … *»herausragender Service«* … *»der Nachhaltigkeit verpflichtet«* … *»die Zukunft gestalten«* und dergleichen mehr. Eigentlich schade: Da treten Unternehmen mit dem guten Vorsatz an, ihre Handlungsmaxime in einer Art Grundlagenpapier festzuschreiben. Und herauskommt ein Sammelsurium nebulöser Begriffe – alles andere als aussagekräftig, reine Plattitüden, die dem Zeitgeist entsprechend irgendwelche theoretischen Managementweisheiten unters Firmenvolk streuen sollen.

Umfragen zeigen zudem, dass jeder zweite Mitarbeiter das Leitbild seines Unternehmens gar nicht kennt – und sich sogar 70 Prozent von denen, die es kennen, mit den Inhalten nicht identifizieren können. Laut einer Studie beeinflusst das Unternehmensleitbild weniger als ein Drittel der Führungskräfte und nur zwölf Prozent der Mitarbeiter in ihrem Verhalten. (⬈ siehe Abb. 5 – *Stellenwert Unternehmensleitbild*)

UNTERNEHMENSLEITBILD: WUNSCH UND WIRKLICHKEIT

Meist sieht sich die oberste Führung verpflichtet, die Grundsätze oder Werte für ihr Unternehmen festzulegen. Dieses Stück Papier wird dann großformatig gedruckt, in einen schönen Rahmen gefasst und in den Fluren aufgehängt. Auf dass jeder Mitarbeiter sehen und verstehen kann, welch tolles Unternehmen sein Arbeitgeber sein will!

Dann kann zweierlei passieren. Entweder das Plakat vergilbt unbeachtet vor sich hin. Oder es animiert die Mitarbeiter dazu, kreativ zu werden – durch Beschriften, Bearbeiten und Kommentieren der Grundsätze. So geschehen in einer großen Organisation in München, für die ich eine Zeit lang gearbeitet habe. Eines Tages hingen dort im gesamten Firmengebäude Plakate mit dem neuen Leitbild. In der Lobby, in den Fluren, in der Kantine, am Schwarzen Brett, im Fahrstuhl – zur Überraschung der Mitarbeiter! Niemandem war klar, dass die Führungsriege wochenlang an diesem Leitbild gearbeitet hatte. Und urplötzlich drängte sich jetzt deren Botschaft ins Blickfeld: So wollen wir/so sollt ihr sein! Das sind unsere/eure Werte! Verstanden?!

In den nächsten Tagen schwappte eine Welle der Kreativität durchs Unternehmen: Die Plakate füllten sich mit Kommentaren, Parolen, Karikaturen. Ähnlich den Sprüchen an Wänden und Türen von öffentlichen stillen Örtchen, die laufend ergänzt und fortgesponnen werden. Unter den Händen der Mitarbeiter war das hehre Leitbild nach einer Weile zum peinlichen Witzbild mutiert. So wehrten sie sich gegen eine »Unternehmensverfassung«, die an ihnen vorbeigeschrieben worden war.

Eigentlich logisch, dass ein Unternehmensleitbild überflüssig ist, wenn die Mitarbeiter nicht dahinterstehen. Schließlich sind sie es ja, die die darin formulierten Werte und Leitsätze im Arbeitsalltag leben: in ihrem eigenen Tun und im Umgang mit Kollegen, Kunden oder Lieferanten. Ist es da nicht viel sinnvoller, die Mitarbeiter bei der Formulierung des Leitbilds mitdenken und mitwirken zu lassen? Denn nur dann werden sie auch die Botschaften akzeptieren und Verantwortung dafür übernehmen.

IM TEAM ZUM EIGENEN
WERTELEITBILD

Häufig haben Leitbilder auch den zusätzlichen Webfehler, dass sie beschreiben, wie das Unternehmen sein will, ein Ziel formulieren, das in der Regel kaum mehr ist als eine schöne Inszenierung für die Öffentlichkeit. Ein Idealbild, das gerne auch mal weit hinter der Realität zurückbleibt. Nicht selten postulieren solche Leitbilder sogar genau das Gegenteil von dem, was im Unternehmen tatsächlich gelebt wird. Wunschbilder also, die den Mitarbeitern in Wahrheit sauer aufstoßen oder von ihnen schlicht ignoriert werden.

Brauchen Unternehmen wirklich Leitbilder? Vielleicht sind sie für den Unternehmenserfolg nicht unbedingt nötig. Aber wenn sie überzeugend erarbeitet worden sind, stellen sie eine kostbare Richtschnur für das gemeinsame Handeln der Mitarbeiter dar. Und das ist ein echter **Wert** in Wachstumsphasen!

Wir haben das Thema »Leitbild/Werte« erstmals 2006 auf die Agenda gesetzt. Unser Unternehmen hatte also die ersten 25 Jahre »ohne Katalog« überstanden! Aber nun ließen moderne Entwicklung und Wachstum diesen Schritt bei uns als genau richtig und nötig erscheinen. Ein Instrument in der Hand zu haben, das unserer gemeinsamen Orientierung dient, an das wir uns halten, wenn wir entscheiden oder uns miteinander im Diskurs befinden. Und so befassten wir uns mit einem Leitbild, das unsere **gelebten Werte** abbilden sollte.

Im Rahmen eines **Werte-Workshops** während eines Strategiemeetings begaben sich rund 20 Führungskräfte und Fachmitarbeiter unter der Leitung eines externen Moderators in einem Tagungshotel in Klausur. Wir suchten Antworten auf Fragen, in deren Mittelpunkt die Gründe für unseren bisherigen Wachstumskurs standen: Warum sind wir so gut, wie wir sind? Warum ist das Betriebsklima so angenehm? Warum sind wir attraktiv für Mitarbeiter und Kunden? Was macht uns aus? Was treibt uns an?

Die Beschreibungen erfolgten aus der Unternehmenspraxis heraus. Ohne Schönfärberei und Wunschdenken. Auf breiter Basis ermittelt. Auf Flipcharts wurden alle im Brainstorming geäußerten Begriffe festgehalten, in einem zweiten Schritt gruppierten wir sie in Themenfelder mit je einer Überschrift und legten in einem dritten Schritt die relevantesten fest. Am Ende hatten wir sechs Cluster, und für jedes einzelne davon suchten wir nach einem passenden, fassbaren Oberbegriff: **T**eamgeist, **E**ngagement, **L**oyalität, **E**rgebnisorientierung, **O**ffenheit, **W**eiterentwicklung.

Danach folgten der Feinschliff und Überlegungen zur Reihenfolge, um so eine einprägsame Formel zu gewinnen. Dazu ersetzten wir Ergebnis durch **R**esultat, **T**eam durch **G**emeinschaft und **W**eiter- durch **F**ortentwicklung. Unschwer zu erkennen, dass wir an einem ganz bestimmten Wort bastelten. Das war der Kunstgriff des Moderators: Wie lässt sich das, was wir gemeinsam ausformuliert haben und im Unternehmen für wichtig und wertvoll halten, leicht merken? Als Ergebnis des Workshops erhielten wir, wohlgemerkt im Konsens der beteiligten Mitarbeiter, unsere sechs relevantesten Werte – und gaben ihnen den Namen: E.R.F.O.L.G.

E.R.F.O.L.G.

E steht für überdurchschnittliches Engagement und die hohe Leistungsbereitschaft unserer Mitarbeiter. Für ihre wertvollen Ideen, ihre Hilfsbereitschaft und ihr Mitdenken.

R steht für Resultate – die Suche nach Lösungen, nicht nach Ausreden. Dafür, nicht lockerzulassen, bis man ein Ziel erreicht hat, Selbstverantwortung zu übernehmen und die Konzentration auf das Wesentliche zu richten.

F steht für Fortentwicklung. Für die Förderung der Mitarbeiter, die technisch, fachlich und methodisch auf dem neuesten Stand sind und aufgeschlossen für neue Techniken und Dienstleistungen.

O steht für Offenheit und Transparenz. Für umfassende, zeitnahe Information, die Berücksichtigung und Aufnahme von Mitarbeiterideen, für das Zulassen von Kritik und die Lösung von Konflikten.

L steht für Loyalität. Für Mitarbeiter, die hinter dem Unternehmen stehen und mit ihm verbunden sind. Für Führungskräfte, die zusammenhalten, statt sich gegenseitig am Stuhlbein zu sägen.

→

→ | **G** steht für Gemeinschaft. Für ein Miteinander im Team und für Hilfsbereitschaft, dafür Mitarbeiter ernst zu nehmen, fair zu behandeln und zu fördern. Für ein positives Betriebsklima und die persönliche Beziehung zu Kunden und Partnern.

Diese Formel verdichtet unsere Werte und bringt sie auf den Punkt, auch heute noch, rund 15 Jahre später. Das haben wir in Workshops mit Mitarbeitern immer wieder verifiziert. Erst vor Kurzem fiel mir noch eine weitere Besonderheit unserer Formel E.R.F.O.L.G. auf: Die ersten drei Buchstaben repräsentieren messbare (harte) Erfolgsfaktoren, die folgenden drei beschreiben weiche Faktoren: **50 Prozent Kopf, 50 Prozent Herz.** Genau diese Mischung macht uns aus und beschreibt beide Seiten unserer Identität: gute Ergebnisse durch gutes Betriebsklima. Ganz nach dem SZ-Prinzip.

Für mich beschreibt das Leitbild eine **Unternehmensverfassung** im wörtlichen Sinn, nämlich in welcher Verfassung sich ein Unternehmen befindet. Es handelt sich nicht um ein staatstragendes Regelwerk, sondern eher um eine Art Hintergrundmusik, die einem nicht fortwährend in den Ohren tönt, die mitläuft und auf Lautstärke kommt, wenn Bedarf besteht.

LEITBILD IM MINIFORMAT

Unser Leitbild grüßt weder in Plakatform von den Firmenwänden herab, noch ist es in Hochglanzbroschüren abgedruckt. Stattdessen haben wir seine Essenz auf Kärtchen im **Visitenkartenformat** gedruckt und jedem ausgeteilt. Wer es möchte, kann sie so als Reminder bei sich tragen. (⬈ siehe Abb. 6 – *Wertekarten*)

Wir haben das kleine Format auch darum gewählt, weil unser Wertesystem im Wortsinn handlich sein soll, immer zur Hand, handlungsweisend zum Beispiel:

- Bei Entscheidungen: Sollen wir für das Coaching eines Mitarbeiters Geld in die Hand nehmen? – Ja, weil sich die Maßnahme im Einklang mit unserem Wert »Fortentwicklung« befindet.
- In Konfliktsituationen: Wie reagieren wir auf den Mitarbeiter, der beklagt, was nicht funktioniert? – Ihn an unseren Wert »Resultatorientierung« erinnern und Ergebnisse einfordern.
- Zur Orientierung im Arbeitsalltag: Sage ich dem Kollegen, dass er das Team bremst? – Ja, weil wir offen miteinander umgehen.

Auf diese Werte beziehen wir uns ebenfalls in der Rekrutierung:

- Bei der Suche nach den richtigen Mitarbeitern: Wir vermitteln unsere Werte auf unserer Karriere-Website und lesen in vielen Bewerbungen, dass sich die Interessenten davon angesprochen fühlen.
- Beim Briefing neuer Mitarbeiter: Sie erhalten in den ersten Monaten eine Einführung in unsere Unternehmenswerte und werden ermuntert, Beispiele zu nennen, was sie in dieser Hinsicht bereits im Unternehmen erlebt haben.

LEITMOTIV: »DAS SIND WIR!«

Im Rahmen einer Einführungsveranstaltung präsentierte ich einer Gruppe von etwa 20 neuen Mitarbeitern unsere Firmenentwicklung und einige Grundsätze, darunter auch die Unternehmenswerte. Es freute mich – und die Teilnehmer nahmen es interessiert auf –, dass ich sagen konnte: Diese Werte sind nicht von oben diktiert. Vielmehr sind es die Gedanken unserer Mitarbeiter. Unser Leitbild ist ein **Statement** mit der Botschaft: »Das **sind wir**« und nicht: »So *sollen* wir sein.« Meine Erfahrung ist: Ein Leitbild darf nicht von außen formuliert werden, es muss von **innen** kommen – natürlich unter Beteiligung, aber nicht der alleinigen Regie der Unternehmensspitze.

Wir-Orientierung lässt sich nicht anordnen. Sie ergibt sich durch das Zusammenwirken der Mitarbeiter und der Stimmung im Team. Man kann es mit dem Fußball vergleichen: Sofern Können und Wollen auf dem Spielfeld zum Einsatz kommen, stehen die Chancen auf Sieg ziemlich gut. Kernaufgabe des Trainers – also der Führungskraft – ist es, Leistung (Können) zu fördern und zu fordern und auf den guten Spirit (Wollen) unter den Spielern zu achten.

Das Spotlight-Prinzip

Gute Mitarbeiter glänzen lassen

Heroische Führungskräfte, so ergaben Studien, vernachlässigen vor lauter Ruhmsucht oft ihre eigentliche Aufgabe: Nur vier Prozent widmen mindestens 80 Prozent ihrer Arbeitszeit ihren eigentlichen Führungsaufgaben. Die Mehrheit der Befragten wendet deutlich weniger als die Hälfte ihrer Arbeitszeit dafür auf – und damit mehr als 50 Prozent für die Aufgaben, die eigentlich an Mitarbeiter übertragen werden sollten, getreu dem Grundsatz: Ohne mich läuft hier nichts![6]

Wir haben in den letzten beiden Jahrzehnten einen rasanten wirtschaftlichen Wandel erlebt: von der Veränderung der Märkte bis hin zur Umwälzung der medialen Strukturen. Gut zu sehen an der Globalisierung der Produktions- und Vertriebswege oder auch den vollkommen neuen ökonomischen Möglichkeiten zum Beispiel durch die Digitalisierung. Entstanden ist daraus eine Art Hyperwettbewerb.

NOCH MAL KURZ DIE WELT RETTEN ...

Wer als Führungskraft in einem solchen Wettbewerb weiter alles kontrollieren will, läuft Gefahr, sich zu erschöpfen – wie von dem Sozialwissenschaftler Alain Ehrenberg beschrieben.[7] Demgegenüber ersetzt die sogenannte postheroische Managementtheorie den alles steuernden Entscheider durch das Zusammenspiel vieler Köpfe im Team.

6 Zahlen aus: Umfrage des DFK – Verband für Fach- und Führungskräfte, 2015, https://www.die-fuehrungskraefte.de/fileadmin/downloads/pressemitteilungen/Umfrage_Mitbestimmung_2016.pdf
7 Alain Ehrenberg: *Das erschöpfte Selbst. Depression und Gesellschaft in der Gegenwart.* Frankfurt am Main, New York 2004.

Muss ein Chef stets alles können und besser wissen als seine Fachmitarbeiter? Nein. Er muss und kann nicht alles wissen beziehungsweise immer recht haben. Mit zunehmendem Wachstum und mit zunehmender **Komplexität** der Abläufe kann er gar nicht mehr in allen Bereichen die richtigen Entscheidungen selbst treffen und die ganze Welt alleine retten.

Zugegeben, ich wollte mir diese vermeintliche Blöße anfangs auch nicht geben. Bis ich erkannte, dass es gar nicht so schlecht ist, wenn ich meinen Mitarbeitern für ihren Aufgabenbereich in bestimmten Grenzen das **Entscheidungsrecht** überlasse. Wenn sie selbst entscheiden, das Ergebnis also letztlich auf ihrer Entscheidung beruht, werden sie gut abwägen und auf das Wohl des Unternehmens achten. Ich muss mich dann nicht bis in die Tiefen hinein mit dem jeweiligen Thema auseinandersetzen, äußere – wenn gewünscht – meine Ansicht oder stelle Fragen, die es zu bedenken gilt. So gewinne ich Zeit für meine eigentlichen Führungsaufgaben und verliere mich nicht darin, in die unmittelbaren Aufgabenfelder meiner Mitarbeiter hineinzudirigieren.

Ich habe dafür ein ganz persönliches Beispiel: Als studierter Kommunikationswissenschaftler meinte ich über viele Jahre, jeden einzelnen Pressetext akribisch prüfen und in meinem Schreibstil korrigieren zu müssen. Bis es immer mehr Texte wurden und ich mir eingestand, dass mir das Redigieren angesichts meiner wichtigeren Führungsaufgaben zu viel Zeit raubt. Und ich außerdem durch meine Bearbeitungen die Aktivitäten unserer Marketingleitung blockiere. Also habe ich meine Wünsche und Vorgaben geäußert und die verantwortlichen Mitarbeiter machen lassen. Anfangs noch mit ein paar Feedbacks von mir, dann half mir irgendwann doch die Einsicht, dass ja »viele Wege nach Rom führen«, und ich konnte von meinem Duktus abrücken und den der Mitarbeiter gelten lassen. Das Ergebnis war nun nicht mehr aus meiner Feder, aber in anderer Weise gut. Weil die Verantwortung dafür bei den Mitarbeitern lag, gaben sie sich besondere Mühe – sie wussten, ich würde nicht mehr wieder alles ändern. Und jetzt stand ihr eigener Name darunter.

Tatsächlich war ich mehr und mehr davon angetan, wie viel professioneller und gut formuliert es ohne mich ging. Und ich ließ mich gern von Artikeln über unser Unternehmen auch mal überraschen.

VERANTWORTUNG TEILEN UND LOSLASSEN

Verantwortung zu übertragen ist übrigens auch ein starkes Zeichen von Wertschätzung, mit dem die Führungskraft ihren Mitarbeiter signalisiert: Ich **vertraue** deinen Fähigkeiten. Dafür muss man bereit sein, loszulassen – auch mit dem Risiko, dass es anders läuft, als man es selbst machen würde.

Selbst entscheiden zu dürfen setzt beim Mitarbeiter nicht nur enorme **Energien** frei, es stärkt und prägt auch das Verantwortungsbewusstsein. Und das auf jeder Ebene! Ich erinnere mich an eine intensive Kontroverse mit einer unserer Führungskräfte. Als mich sein Anruf erreichte, war ich gerade auf einer Tagung. Der Mitarbeiter wollte zur Gewinnung eines interessanten Neukunden einen Vorvertrag abschließen, den ich zunächst blockierte, weil mir die Formulierung um eine vorgesehene Vertragsstrafe in dem Entwurf zu unklar und damit zu risikoreich war. Wir hatten wenig Zeit. Er müsse morgen dem Kunden Bescheid geben und bat mich, den Vertrag freizugeben. Als Chef hätte ich jetzt auf meine Entscheidung pochen können, zog aber lieber die Vertrauenskarte: »Wenn Sie nach Abwägung meiner Argumente weiterhin der Meinung sind, wir können das Risiko eingehen, dann folge ich Ihrer Einschätzung. Bitte sprechen Sie aber erst noch einmal mit unserem Juristen und holen seine Auffassung dazu ein. So, wie Sie dann entscheiden, gehe ich den Weg mit.«

Am nächsten Tag informierte er mich, dass er die Formulierungen des Vertrags mit dem Kunden neu verhandelt habe. Ein Kraftakt zwar – aber die nach Einschätzung des Juristen und auch seiner eigenen ungute Vertragsstrafe sei jetzt vom Tisch. Er hatte die Entscheidungsfreiheit, aber auch seine Verantwortung gespürt. Er machte sich selbst ein detailliertes Bild und hatte sich genau informiert. Und er hat sein Ziel erreicht. Es war seine Erfolgsstory. In der ich darauf vertraut habe, dass die Entscheidung gut abgewogen ist, ich sie nicht besser hätte treffen können.

Mir ist bewusst, dass ich die Verantwortung, die ich übergebe, weiterhin auf meiner Ebene trage. Auch wenn ich einem anderen die Entscheidung überlasse, bleibt die übergeordnete Verantwortung bei mir. **Verantwortung wird nie abgegeben, sondern nur geteilt.**

Für gut halte ich daher, genau zu definieren, in welchen Bereichen und in welchem Entscheidungsrahmen welchen Personen grundsätzlich Verantwortung überlassen wird. Und diese Überlegung in eine klare Dokumentation der Übertragung von Verantwortung zu gießen. Wir haben zwei Schriftstücke ausgearbeitet, die den jeweiligen Verantwortungsträgern und ihren Vorgesetzten Orientierung geben.

PRAXISTIPP

Der EVR

Für unsere Bereichs- und Standortleiter haben wir den EVR eingeführt. Dieser »Entscheidungs- und Verantwortungs- rahmen« besagt exakt, bis zu welcher Höhe ein leitender Mit- arbeiter der jeweiligen Ebene frei entscheiden kann, welchen nächsten Vorgesetzten er bei welchen Entscheidungen fragen beziehungsweise überzeugen muss und wie weit er zum Bei- spiel bei dem Thema Mitarbeiter (Einstellung, Gehaltsverän- derung etc.) alleine walten darf. (↗ siehe Abb. 7 – *Der EVR*)

Die GZO

Natürlich ist ein Geschäftsführer letztlich im juristischen Sinn für alles verantwortlich. Doch macht es in jedem Unter- nehmen Sinn, Verantwortungsbereiche und damit Entschei- dungsfreiräume zu fokussieren und entsprechend den Stärken aufzuteilen. Für meine Geschäftsführer und mich haben wir daher eine Aufteilung der Zuständigkeit und Klarheit des Zustimmungsprozedere beschlossen. So sind auch unter den Geschäftsführern die Freiheiten und Abstimmungsschnittstel- len transparent in der sogenannten GZO (Geschäftsführungs- zuständigkeitsordnung) dokumentiert. Mit der Ernennung von Prokuristen haben wir dieses bewährte Schriftstück zu einer Prokuristenzuständigkeitsordnung (PZO) angepasst und von den neuen PPAs unterschreiben lassen.

LICHT AUS – SPOT AN!

Im Oktober jeden Jahres nehme ich an einer Veranstaltung der Verpackungsindustrie im deutschen Verpackungsmuseum in Heidelberg teil. Dort wurde einmal der Inhaberin eines bekannten deutschen Schokoladenherstellers für eine neue Sorte ihrer Marke die Auszeichnung »Verpackung des Jahres« verliehen. Auf der Bühne nahm sie das Mikrofon zur Hand und beschied dem verblüfften Publikum: »Vielen Dank für die Auszeichnung. Ich möchte aber, dass mein Marketingchef zu mir auf die Bühne kommt und diesen Preis entgegennimmt. Es ist sein Verdienst!« **Ehre, wem Ehre gebührt!** Hut ab vor dieser Unternehmerin und ihrer respektvollen Anerkennung der Leistung ihres Mitarbeiters, welcher dann auch auf dem Pressefoto abgelichtet wurde.

Gegenbeispiel: Bei einem Abendessen zum Jahresauftakt kam ich mit dem Chef einer großen internationalen Spedition auf das Thema »Weihnachtsfeier« zu sprechen. Ich erwähnte, dass bei unserer Feier im Rahmen einer Talkrunde neben mir auch unsere drei Geschäftsführer über ihren jeweiligen Verantwortungsbereich berichten. Darauf entgegnete mir mein Gegenüber völlig verständnislos: »So etwas gibt's bei mir nicht. Zu solchen Anlässen rede nur ich. Das lasse ich mir nicht nehmen!«

Oha, dachte ich: Wie schade! Denn wenn es am Jahresabschluss etwas zu berichten gibt, dann ist dies meist auch eine Auswahl besonderer Erfolge. Diese vor versammelter Mannschaft vortragen zu dürfen, ist eine Freude. Und gerade diese Freude möchte ich doch denen, die für die Erfolge direkt verantwortlich sind, nicht nehmen.

APPLAUS FÜR DIE MITARBEITER

Das sieht nicht jeder so, dessen bin ich mir bewusst. Steckt hinter dieser Attitüde der eigene Wunsch nach Scheinwerferlicht und Anerkennung? Oder ist es ein unbewusstes Denkmuster, das tief in der menschlichen Psyche verankert ist: Als Chef muss ich der Hauptverantwortliche unserer Unternehmenserfolge sein. Muss der Anführer, der Beste, der Tüchtigste sein. Denn wenn ich nicht der Held bin, dann bin ich der Verlierer. Das halte ich für einen Fehlschluss. Gerade wenn ich nicht immer den Supermann gebe, gewinne ich an Größe und an Glaubwürdigkeit. Und wenn ich gemeinsame Erfolge nicht als meine eigenen verkaufe, sondern den **Wert der anderen** bewusst würdige.

Mitarbeiter glänzen zu lassen heißt auch, ihnen mehr zuzutrauen und ihnen mehr **Erfolg** zu **gönnen**. Und manchmal auch ihren Argumenten den Vortritt zu geben. Wer fürchtet, seine Position, sein Selbstbild oder Image könnte daran Schaden nehmen, dem entgegne ich: ganz im Gegenteil! Wer über den Schatten seines Egos springt und andere ins Licht stellt, beweist damit, dass er mit sich selbst im Reinen ist. Als Chef, aber auch als Kollege.

Der Chef steht doch ohnehin häufig im Rampenlicht, seine gewichtige Position ist bekannt. Braucht es da unbedingt noch mehr Beifall? Ich persönlich mache die Bühne gern für unsere Fach- und Führungskräfte frei und nehme auch einmal bewusst in der Zuschauerreihe Platz. Dort fühle ich mich angesichts ihrer Erfolgsstorys überhaupt nicht kleiner. Im Gegenteil: Ich bin stolz. Und freue mich darüber, dass sie den Applaus bekommen. Sie sind schließlich die Säulen und Repräsentanten meines Unternehmens.

Fühlt es sich nicht gut an, seine Mitarbeiter wachsen zu sehen und ihren Erfolg mitzuerleben? Ein Stück weit habe ich ja auch meinen Beitrag dazu geleistet. Aber die Erfolgsgeschichten soll unbedingt derjenige erzählen, der das meiste direkt dazu beigetragen hat. Und das bin selten ich! Ein Beispiel: die operativen Geschäftszahlen. Zu Beginn habe ich selbst im Rahmen einer Geschäftsleitungssitzung die Monats- oder Quartalszahlen präsentiert, längst tun das die dafür verantwortlichen Geschäftsführer.

Die Geschäftsführer ihrerseits wenden dieses Prinzip inzwischen ebenfalls an. So präsentiert heute in den Gremiumssitzungen nicht mehr der Länderchef die Zahlen der Standorte, sondern das machen die Standortleiter selbst. Ihnen steht der Beifall ihrer Kollegen zu und sie stehen stolz hinter *ihren* Zahlen. Natürlich müssen Sie sich dann auch rechtfertigen, wenn die Abweichungen in die falsche Richtung gehen. In beiden Fällen ist es ja ihre Verantwortung. Und genau das ist ein weiterer Grund, warum bestimmte Mitarbeiter im Rampenlicht stehen sollten: Wenn sie ihr Können unter Beweis stellen dürfen, wachsen ihre Motivation und ihr Engagement. Und es reift ihr Bewusstsein für ihre **Verantwortlichkeit**!

Was tun mit Führungskräften, die sich nicht wohlfühlen vor der Gruppe? Die nicht unbedingt im Scheinwerferlicht stehen wollen? Aus ihrer **Komfortzone** herauszutreten und sich in der ersten Reihe präsentieren zu müssen, löst bei ihnen Unbehagen aus. Einige solch junger oder unsicherer Mitarbeiter habe ich erlebt. Aber es lohnt sich, über diese Hürde zu springen. Wenn sich das Team wohlwollend verhält und die Führungskraft die ersten Auftritte gut begleitet und moderiert, wird sich auch dieser Mitarbeiter entfalten. Menschen möchten anerkannt und wertgeschätzt werden. Wenn sie dieses erleben dürfen, wachsen sie aus ihren eigenen Grenzen heraus.

PRAXISTIPP

»Sprichst du über Mitarbeiter, wie sie sind, machst du sie schlechter. Sprichst du über sie, wie sie sein könnten, machst du sie besser.«

So könnte in Kurzform Johann Wolfgang von Goethes Diktum: »Behandle die Menschen so, als wären sie, was sie sein sollten, und du hilfst ihnen zu werden, was sie sein können«, übertragen werden.

---

⑤
Das Ö-Prinzip

*Gute Mitarbeiter fallen nicht
vom Himmel*

Weder waschen wir in unserem Unternehmen Teller, noch wird damit irgendjemand Millionär. Im übertragenen Sinne aber finden solche Karrieren bei uns tatsächlich immer wieder statt, weil wir als Unternehmen solche persönlichen Entwicklungen mit großem Einsatz fördern und vorantreiben. Ich denke da zum Beispiel an eine Mitarbeiterin, die als externe Zeitarbeitskraft in unserer Warenumverpackung angefangen hat. Heute führt sie als Leiterin eines unserer Standorte ein rund 100 Mitarbeiter starkes Team. Sie fing keineswegs mit kühnen Aufstiegsfantasien bei uns an, verfügte auch über keine herausragenden Qualifikationen. Aber sie hat kontinuierlich gute Arbeit geleistet und ist im Laufe der Zeit immer mehr über sich hinausgewachsen. Weil sie es wollte. Und weil wir sie dabei begleitet haben.

BETONUNG AUF DEM »Ö«:
NUR WER FÖRDERT, DARF FORDERN!

Ich erlebe es in vielen Gesprächen: Führungskräfte neigen dazu, den perfekten Mitarbeiter zu suchen und einzustellen. Denjenigen mit den besten Zeugnissen und dem höchsten Leistungsversprechen. Einen Kandidaten also, von dem man so viel wie möglich *fordern* kann. Wenn dieser dann als Mitarbeiter hinter den Erwartungen zurückbleibt, ist die Enttäuschung groß. Was ist falsch gelaufen?

Höchste Zeit, sich selbst zu hinterfragen: Habe ich dem Mitarbeiter alle Möglichkeiten gegeben, damit er sich entwickeln kann? Oder lag es an den zwei fehlenden Pünktchen auf dem O? Habe ich viel gefordert, aber nicht *gefördert*? Weil er in meinen Augen ja schon ein vollkommener Performer war? Gerade dieser Gedanke ist ein Irrtum. Ein für ein Unternehmen »perfekter« Mitarbeiter muss bei der Entfaltung seines Könnens begleitet werden, braucht zuerst die Ansprache, das Feedback. Er braucht Praxis und **Begleitung**, das Unternehmen und seinen Spirit kennenzulernen. Und an Abläufe herangeführt zu werden.

Einige verschaffen sich diesen Raum selbst, was Führungskräfte auch unbequem finden können. Aber unterstützen wir doch solch aktive Mitarbeiter und deren hohes Engagement! Sie sind bereit, zur Spitzenform aufzulaufen. Diese positive Grundeinstellung allein reicht aber nicht aus – sie brauchen die Erfahrung, das Feedback, die Leitung und Begleitung ihrer Führungskraft.

Ich glaube fest daran, dass es viele »Gesellen« gibt, in denen ein »Meister« steckt. Die meisten Menschen haben das **Bedürfnis**, sich weiterzuentwickeln. Sie wollen besser werden, nicht auf der Stelle treten. Das ist auch der Grund, warum Menschen gerne arbeiten. Weil sie dabei Erfahrungen sammeln, Neues ausprobieren, Herausforderungen meistern, Erfolge erleben können. Und weil sie bei der Arbeit als Persönlichkeit reifen, sich selbst und andere besser kennenlernen können.

Den Drang nach Entfaltung verspürt nicht jeder. Er ist auch nicht in jeder Position vonnöten. Doch dort, wo es dem Einzelnen wichtig ist, soll ihm Raum gegeben werden. Wer in der engen Schublade von immer gleichen Routinen und begrenzter Zuständigkeit klein gehalten wird, bleibt auch in seinen Ergebnissen klein. Einer unserer wichtigen Leitsätze in der Führung und Mitarbeiterbindung ist: Gib deinen Mitarbeitern **Spielraum** – aber auch immer Begleitung und Förderung!

PRAXISTIPP

Stellen Sie sich regelmäßig die Frage: »Wie viel Prozent ihrer möglichen Leistungsfähigkeit haben meine Mitarbeiter diesen Monat wirklich abgerufen? Und wie stark habe ich sie darin unterstützt, sich zu steigern?«

Manchmal muten wir Mitarbeitern viel zu – aber häufig ginge mehr: Damit meine ich bessere Qualität, höherwertige Ergebnisse, weitergedachte Lösungen. Unser Beitrag als Führungskraft ist es, ihnen durch Feedback, Tipps und Anerkennung stärkeres Selbstbewusstsein und vorausschauendes Handeln zu vermitteln. Ihnen Mut zu machen. Konflikte rasch zu klären. Freude zu vermitteln und Anerkennung für gute Arbeit zu geben. Dann wird die Kraftquelle Mitarbeiter zum Motor für ein gesundes Wachstum des Unternehmens.

WACHSEN AN DER AUFGABE

Ein Weg der Förderung ist auch, Mitarbeitern Aufgaben zu übertragen, die sie an ihre **Grenzen** führen. Wenn sie dann solche Herausforderungen annehmen, brauchen sie Unterstützung von ihrer Führungskraft. Fragen Sie, wie Ihr Mitarbeiter den Weg gehen will, welche Hilfestellungen er braucht, welche Werkzeuge, welches Budget. Er wird sich trotzdem hin und wieder eine blutige Nase holen, auch das bringt ihn weiter. Aber er muss nicht alles alleine stemmen. Und diese Gewissheit gibt ihm Raum für die Entfaltung seines Potenzials.

Einer meiner Geschäftsführer führte lange Zeit die Vertriebsgespräche mit großen, für uns neuen Marken selbst – wie für Chefs oft üblich. Die mittleren und kleinen Interessenten betreute unser Vertriebsleiter. Auch das ist üblich, lässt aber diesen Mitarbeiter nicht wachsen. Als die Zeit reif war, ermutigte der Geschäftsführer seinen Vertriebsleiter, sich selbst um Anfragen von A-Interessenten zu kümmern. Und siehe da: Er hat sich an dieser Aufgabe unglaublich entwickelt und konnte alsbald Erfolge mit klingenden Markennamen verbuchen. Durch diese Treffer wurde er selbstbewusster und damit stärker, erfahrener und noch überzeugender. Und auch mein Geschäftsführer war stolz auf seine Bereitschaft, sein Privileg zu teilen.

Gestatten zu können zahlt sich also aus – auch für das Unternehmenswachstum. Das Unternehmen profitiert ungemein, wenn schlummernde Potenziale geweckt und protegiert statt vom Ego des Chefs erdrückt werden.

ENTWICKLUNGSWILLIGE MITARBEITER FIT MACHEN

Mitarbeiter zu verlieren, die sich entwickeln wollen, widerspricht unseren Werten und wäre auch schlicht zu teuer. Vielen Führungskräften ist aber gar nicht bewusst, welche Einbußen durch Mitarbeiterfluktuation in Kauf genommen werden müssen. Zum einen führt der Weggang zu **Wissensverlust** und kann die Kundenbeziehungen negativ beeinflussen. Zum anderen kosten heute Print- und Online-Stellenanzeigen, das **Anwerben** und Auswählen (eventuell mit Unterstützung einer Personalagentur oder eines Headhunters) richtig viel Geld. Auch das **Einarbeiten** eines neuen Mitarbeiters erfordert viel Zeit, Energie und zusätzlichen Einsatz der Kollegen. Solche Fluktuationskosten summieren sich beim Ausscheiden einer qualifizierten Fachkraft schnell auf ein Jahresgehalt! (⌐ siehe Abb. 8 – *Fluktuationskosten*)

Da investieren wir lieber in die Köpfe und Herzen unserer Mitarbeiter. Indem wir sie inspirieren und ausbilden, ihr Bestes zu geben. Indem wir ihnen herausfordernde Aufgaben geben. Indem wir sie bei ihrem persönlichen Wachstum bestmöglich begleiten. Denn nur sich weiterentwickelnde Mitarbeiter ermöglichen und fördern auch das Wachstum unseres Unternehmens. Und umgekehrt bestätigt es den Mitarbeiter: »Das Unternehmen baut auf mich und rechnet in der Zukunft mit mir.«

ZENTRALE WEITERBILDUNG

Neben der Förderung durch den direkten Vorgesetzten bietet jede wachsende Organisation idealerweise ein Programm an, mit dem die Mitarbeiter ihre Potenziale und Talente entfalten können. Bei uns erstellt die HR-Abteilung im letzten Quartal einen Fortbildungsplan für das Folgejahr – mit allen Themen und Veranstaltungen, angepasst an die Zielgruppen der zu fördernden Mitarbeiter und modular aufeinander aufgebaut. HR lädt dazu interne und externe Referenten ein. Wir haben vor mehr als zehn Jahren eine Art Campus – also eine Bildungsstätte für Lernwillige – eingerichtet. Herzstück ist die **PS Akademie**: ein lichtdurchfluteter Raum im Dachgeschoss unserer Firmenzentrale. An diesem Ort des Lernens und der Begegnung finden fast jede Woche interne Seminare, Meetings, Präsentationen und Workshops statt. Jahr für Jahr absolvieren dort unsere Mitarbeiter und Führungskräfte aus allen Standorten des Unternehmens

Schulungen. Dabei geht es um fachliche Weiterbildung ebenso wie um die Vermittlung von methodischen und sozialen Kompetenzen. Jeder Mitarbeiter kann sich hier die Werkzeuge und Fähigkeiten aneignen, die er für seine Weiterentwicklung braucht. Durch Feedbackabfrage nach jedem Seminar stehen Inhalt, Referent und Rahmenbedingungen regelmäßig auf dem Prüfstand.

Training für die Basis

Beim Einstieg ins Unternehmen schulen wir alle Mitarbeiter. Mit einem eigens entwickelten einheitlichen Konzept vor Ort wollen wir bewusst auch die an- und ungelernten Arbeitskräfte in der Produktion ansprechen. Für diese Mitarbeiterschulung gibt es für jeden Teilnehmer ein klassisches Ringbuch, das die jeweiligen Themen vor allem über Bilder und Grafiken erklärt. Auf diese Art lernen die Mitarbeiter im ersten Schritt alle Bereiche unseres Unternehmens kennen. Im zweiten Modul geht es um Themen rund um Produktion und Arbeitsqualität. Im dritten Schritt steht dann die Kommunikation mit Kunden und Lieferanten im Mittelpunkt.

Das Training ist bei den Mitarbeitern sehr beliebt, weiß unser HR-Leiter: »Weil wir sie damit auch in die Packservice-Familie hineinholen, können sie sich noch besser mit ihrem Arbeitgeber identifizieren.« Trainer sind ausge-

→

→ wählte Sachbearbeiter, Personaldisponenten und Teamleiter. Sie werden bei uns geschult, um ihre Mitarbeiter direkt vor Ort in ihrem Arbeitsumfeld zu begleiten. »Wichtig ist«, sagt der HR-Leiter, der das **Train-the-Trainer-Programm** mitentwickelt hat, »die Trainer auch dazu zu befähigen, angemessen auf Menschen zuzugehen und Hemmnisse wie etwa Sprachbarrieren zu überwinden.« Das Programm beinhaltet auch eine umfassende Compliance-Schulung sowie Präsentations- und Vermittlungsfähigkeiten gegenüber den Mitarbeitern. Ein Trainer schließt seine Ausbildung dann mit dem Compliance- und Ausbilder-Zertifikat »COMP'etent« ab.

Die zu Trainern ausgebildeten Teamleiter tragen im normalen Arbeitsalltag ein T-Shirt mit dem Aufdruck COMP'etent. So weiß auch jeder Mitarbeiter in der Produktion, wer ihm bei spontanen Fragen weiterhelfen kann. Nebenbei hat dieses T-Shirt eine besondere **Wirkung** für den, der es trägt. Ein bisschen wie im Fußball, wo die Anzahl der Sterne auf dem Trikot über die Erfolge des Teams Auskunft gibt, oder wie bei der Bundeswehr, wo Streifen und Sternchen den Rang kennzeichnen. Auch hier zeigt eine Aufschrift: Der Inhaber dieses Shirts weiß mehr, er trägt mehr Verantwortung. Das bringt auch Ansehen und Respekt, weil es seine fachlichen Stärken signalisiert.

Ich sehe das Thema »Förderung« als maßgeschneidertes Gesamtpaket an Weiterbildung, Feedback, Forderung, Ermutigung. Wohlgemerkt als Angebot an alle entwicklungsfreudigen Mitarbeiter, nicht nur an die Führungskräfte. Auch weil Fortentwicklung einer unserer sechs zentralen Unternehmenswerte ist. Damit stehen wir wechselseitig in der Pflicht, den Worten Taten folgen zu lassen: Umfassende Entwicklungsangebote seitens unseres Unternehmens einerseits, hoher Entwicklungswille, sprich Veränderungsbereitschaft seitens unserer Mitarbeiter andererseits.

SÄGEN ODER SCHÄRFEN?

Ein Spaziergänger beobachtet einen Waldarbeiter dabei, wie der sich redlich müht, mit seiner stumpfen Säge einen Baum zu fällen. Er rät dem Arbeiter, doch seine Säge zu schärfen, um schneller sein Ziel zu erreichen. Der Waldarbeiter zischt zurück: »Sie sehen doch, ich habe keine Zeit – ich muss noch so viele Bäume fällen!«

Nicht immer wird unser internes Schulungsangebot reibungslos angenommen, denn das Tagesgeschäft macht oft einen Strich durch die Rechnung. Da wird eine kurzfristige **Absage von Weiterbildungsmaßnahmen** nötig, weil »es gerade mal wieder brennt«. Solche Hinderungsgründe sind in aller Regel sogar verständlich, sollten aber wirklich die Ausnahme bleiben. Würden Mitarbeiter Weiterbildungsangebote immer wieder fallen lassen müssen, weil das Tagesgeschäft vermeintlich wichtiger ist, so hätten wir die falschen Führungskräfte. Denn sie hätten es nicht verstanden, für den Teilnehmer im Tagesgeschäft an diesem Tag adäquaten Ersatz zu organisieren. Da packen wir die Führungskräfte auch mal an ihrer Ehre.

PRAXISTIPP

Nach den Erfahrungen mit Absagen und geringer Beteiligung an Seminaren haben wir folgende Maßnahmen ergriffen:

1. Der jeweilige Vorgesetzte meldet den Mitarbeiter an. Nur er darf ihn auch wieder abmelden, nicht der Teilnehmer sich selbst.
2. Eine Abmeldung muss der Vorgesetzte noch mit der nächsthöheren Führungsebene abstimmen.
3. Eine Abmeldung kürzer als eine Woche vor dem Termin bedeutet, dass anfallende Kosten des Teilnehmers für Hotel, Reise, Referent etc. von der Abteilung komplett zu tragen sind.

PERSPEKTIVISCH TALENTE EINSTELLEN

Ein Unternehmen, das Personalentwicklung als einen systematischen, fest in der Unternehmensphilosophie verankerten Prozess ansieht, zeigt damit seine Überzeugung, einen wichtigen Beitrag zum Wachstum seiner Mitarbeiter leisten zu können und zu wollen.

Wer Mitarbeiter entwickeln kann, stellt auch gerne »unfertige« Mitarbeiter ein. Sie werden durch die Förderung wertvoller. Weil in ihnen Potenziale schlummern, die gehoben werden: Sie können noch intelligenter arbeiten, ihr Wissen besser einbringen, mehr Kompetenz entwickeln, auch wenn sie anfangs nur einen Teil ihrer Möglichkeiten ausschöpfen.

Bei uns bewarb sich vor vielen Jahren, mitten in einer der Wachstumsphasen unseres Unternehmens, ein junger Mann auf eine Betriebsleiterstelle. Wir entschieden uns für einen anderen Bewerber. Doch die Auftrittsqualität dieses jungen Mannes und seine dargelegten Kompetenzen hatten es mir angetan – so bot ich ihm eine Stelle in der Zentrale an, die es noch gar nicht gab. Ich war mir einfach sicher, dass er mit seinen Fähigkeiten gut in unser Unternehmen passen würde. Er sagte zu, weil es ihn reizte, seinen neuen Aufgabenbereich bei uns aktiv mitzugestalten. Zunächst waren es Einzelaufgaben, die ich ihm aus meinen Tätigkeitsbereichen übertragen konnte, dann komplette Projekte und später eine ganze Abteilung.

Mit den Jahren übernahm er immer mehr verantwortliche Tätigkeiten in den unterschiedlichen Zentralbereichen: IT-Organisation, Aufbau eines Qualitätsmanagementsystems, Leitung von Personal, Einstellung von neuen Mitarbeitern. Er wurde dabei mit Schulungen und Coachings unterstützt und hat sich selbst unglaublich weiterentwickelt. Inzwischen ist dieser junge Mann, für den wir damals keine passende Job-Schublade hatten, unser Geschäftsführer der Zentrale. Wie fruchtbar solche perspektivischen Einstellungen sind, habe ich in unserem Unternehmen übrigens schon mehrfach erlebt.

Wenn Ihr Unternehmen auf Wachstumskurs ist und Sie auf einen überzeugenden Bewerber mit Auftrittsqualität treffen, jedoch noch keine glasklare Position haben, sollten Sie ihn perspektivisch einstellen. Und da dieser neue Mitarbeiter zunächst noch keine konkrete Stelle besetzt und wenig regelmäßige Tagesaufgaben zu erledigen hat, kann ihm viel Einarbeitungszeit in sehr unterschiedliche Gebiete zugestanden werden – ein perfektes Trainee-Programm für eine neue talentierte Kraft. Heute wird er als »Projektmitarbeiter« schon hier und da auf gutem Niveau unterstützend mitwirken können, morgen dann die ideale Besetzung für eine bestimmte Aufgabe sein.

Schlussrunde

*Ihre Gewinnerprinzipien für die
Station »Mitarbeiter«*

Gekonntes Wachstum gelingt, wenn

... die Mitarbeiter Wertschätzung und Aufmerksamkeit erfahren.

*... Stimmung und Teamspirit gefördert werden und Motivation sich
in guten Ergebnissen widerspiegelt.*

*... Mitarbeiter Unternehmenswerte mitformulieren und so
vorbehaltlos teilen können.*

*... sie für ihre persönlichen Erfolge auch im Rampenlicht stehen
dürfen.*

*... Mitarbeiter durch Forderung und Förderung ihre Potenziale
entfalten können.*

PROZESSE

Jedes Unternehmen hat Lebensadern – die Prozesse

Systematisierte Geschäftsabläufe für Ordnung und Klarheit

Der menschliche Körper hat Lebensadern, in denen wichtige Nährstoffe und »Nachrichten« transportiert und an die richtigen Stellen gebracht werden. Auch ein Unternehmen hat solche Lebensadern: die Prozesse.

Während Sie diese Zeilen lesen, arbeitet Ihr Organismus pausenlos: Blut strömt durch die großen Hauptschlagadern, die sich in immer feinere Gefäße verästeln. Dieses intelligente Adernetz versorgt jedes Organ, jeden Muskel, jede einzelne Zelle mit Nähr- und Botenstoffen. Funktioniert dieses komplexe System reibungslos, ist unser Körper vital und leistungsfähig. Wenn nicht, kommt es zu Störungen. Ein geniales Konstrukt, das sich über die Jahrtausende immer wieder angepasst hat!

In einem Unternehmen vernetzen Geschäftsprozesse alle Bereiche miteinander, alle Arbeitsschritte, alle Mitarbeiter, und dies in geordneten Bahnen und verlässlichen Routinen. Und sie transportieren Informationen und systematisieren Leistungen auch nach außen – zum Kunden und zurück.

Durchdachte, systematisierte und dokumentierte Abläufe – das soll hier unter »Prozessen« verstanden werden – basieren auf Regeln und Vorgaben aus der Erfahrung. Sie schaffen Klarheit und Übersicht. Sie erleichtern Kooperation und Kommunikation und helfen, Redundanzen, Fehler und Verschwendung zu vermeiden. Sie unterstützen außerdem die Mitarbeiter, ihre Leistungen in verlässlicher Qualität auf hohem Niveau zu erbringen.

Prozesse, das werden Sie auf den folgenden Seiten erkennen, sind weitaus mehr als bloße Methoden. Prozesse durchdringen alle Bereiche: Organisation, Führung, Kommunikation, Finanzen und mehr. Prozesse sind ein spannendes Feld. Und sie können unsere einflussreichsten Helfer und Schrittmacher sein. Vorausgesetzt, dass sie uns *dienen*, dem Menschen wie dem Unternehmen. Denn eines sollten sie bei aller wertvollen Hilfestellung nie: die Macht über uns und unseren gesunden Menschenverstand ergreifen.

An dieser Station bringe ich zum Ausdruck,

- warum Prozesse und deren Regeln schriftlich festgehalten und dabei dynamisch sein sollten,
- wie Übersicht und Einfachheit möglich ist,
- wodurch Kommunikation gelingt,
- weshalb zum gesunden Wachstum auch Phasen der Ruhe sowie das Teilen gehören,
- wie Sie Zielstrebigkeit erreichen.

Womöglich hält dieses Kapitel auch die eine oder andere Überraschung für Sie bereit. Denn Prozesse und ihre Potenziale werden vielfach unterschätzt – oder schlichtweg übersehen. Gehen Sie daher offenen Auges und Herzens durch die folgenden Prinzipien und durch Ihr gesamtes Unternehmen. Viel Freude!

① Das WD-40-Prinzip

Prozesse brauchen Pflege und Erneuerung

Kennen Sie WD-40? Das Ölgemisch zum Sprühen, das gegen Quiet-
schen und Rost wirkt, verklebte oder verkrustete Verbindungen löst
und technische oder mechanische Vorgänge wieder »wie geschmiert«
laufen lässt.

Grundsätzlich haben Prozesse im Unternehmen genau diese Aufgabe: Abläufe störungsfrei funktionieren zu lassen, um echte Qualität in kurzer Zeit zu angemessenen Kosten zu generieren. Damit ist
ein Unternehmen fit, belastbar und ertragsorientiert. Und Prozesse
schaffen Klarheit und **Nachvollziehbarkeit**: Wie hat etwas zu geschehen und wann?

AB WANN GEHT'S LOS?

Solange man als »One-(Wo)Man-Show« sein Geschäftsmodell lebt,
macht man alles mit sich aus. Es braucht nur wenig Regelung und auch
kaum Dokumentation der Abläufe. Aber bereits in dem Moment, in
dem ein zweiter Mitarbeiter an Bord kommt, und erst recht, wenn
das Unternehmen wächst, komplexer und vielseitiger wird, ergeben
abgestimmte, systematische Vorgehensweisen – eben Prozesse – Sinn.

Es ist nicht schon ab der ersten Minute eine Prozessmatrix für
alle Abläufe im Unternehmen nötig. Zu Recht heißt es: »zuerst die
Mitarbeiter, dann die Prozesse«. Prozesse sollten aufeinander auf-
bauend, step-by-step, mit der Zeit und **von den Mitarbeitern entwickelt** werden. Warum nicht durch externe Profis, sondern durch
die Mitarbeiter selbst? Ganz einfach: Sie sind es, die diese Abläufe
täglich an ihrem Arbeitsplatz umzusetzen haben. Und ihnen hilft die
Überzeugung im Hinterkopf, dass ihre Prozessvorgaben gut und richtig sind, um dadurch Ziele effizienter und fehlerfrei zu erreichen.

Abkupfern von externen Vorlagen und auch professionelle Unterstützung sind in Ordnung. Aber ein Prozesssystem muss **individuell** zum Unternehmen passen – also kein unangepasster Standard, der nur Kopfschütteln bei den Mitarbeitern hervorruft, sondern authentische, eigene Regeln der Abläufe. Ich erinnere mich an einen Wettbewerber, der von seinem Kunden eine Lieferung wegen fehlender Angaben auf dem Lieferschein nicht annehmen konnte. Das war nun mal seine Prozessvorgabe. Der Kunde reagierte und ließ die Waren unverzüglich zu uns transportieren. Wir nahmen den Auftrag gerne an und ergänzten fehlende Angaben später. Menschenverstand vor Prozessdiktatur!

SAUBER DOKUMENTIERT

Prozesse, also niedergeschriebene Regeln, Methoden und Systeme der Zusammenarbeit definieren nachvollziehbar, *wer was* macht und *wie* es gemacht wird. Sie sorgen dafür, dass Ressourcen für das **Tun** eingesetzt werden und nicht für das tägliche Überlegen zur Art und Weise des Tuns. Die Idee dahinter ist simpel: Sich wiederholende Abläufe sollen nicht jedes Mal neu überlegt oder diskutiert werden müssen. Einfacher ist »copy & paste«.

Wenn also ein Prozess regelt, wie zum Beispiel die Außenstelle A Daten an die Zentrale liefert, dann steht diese Regel und kann auch angewandt werden, wenn eine neue Außenstelle B hinzukommt. Alles klar und einfach, oder? Na dann gehen wir mal in die Praxis:

Stolz gründeten wir eine neue Gesellschaft in Österreich. Und stellten für den frisch geschaffenen Produktionsbetrieb neue Mitarbeiter ein, die aus ihrer bisherigen Arbeitswelt eigene Erfahrung zu

Abläufen mitbrachten. Und da sie keine Prozessvorgaben vorfanden, setzten sie mit Euphorie dort nun Geschäftsprozesse auf. Wir mussten nach einiger Zeit erkennen, dass vieles vor Ort neu erfunden und geregelt wurde, was wir schon längst an anderer Stelle ausgetüftelt und für unsere Belange optimiert hatten! Nun gab es Redebedarf. Da waren unsere österreichischen Prozesserfinder nicht begeistert, als ihnen die (zudem auch noch deutschen) Kollegen plötzlich andere Prozesse vorschlugen.

Unser Fehler war, dass wir die an deutschen Standorten bislang eingeführten Prozesse nicht konsequent schriftlich festgehalten hatten. Und erst recht nicht anschaulich und für neue Mitarbeiter verständlich aufbereitet, sodass wir sie einem neuen Standort als Vorlage an die Hand geben konnten. Daraus haben wir gelernt und den nächsten Schritt gemacht: Wir stellten einen Qualitätsmanager ein. Ausgebildet in einem Konzern und ausgestattet mit hoher Motivation und Kompetenz erstellte er über die Jahre eine Gesamtdokumentation der wichtigen Abläufe und Arbeitsschritte in unserem Unternehmen. Zusammen mit den Umsetzern vor Ort begann er, unser Prozesshandbuch (PHB) aufzusetzen. Dabei dient die ISO-Norm zwar als Orientierung, unser System lehnt sich aber nur daran an, ist weitgehend frei und individuell.

STABIL UND DYNAMISCH

Prozesse haben ordnende Funktion, indem sie Abläufe einfach und einheitlich regeln. Sie bieten Stabilität, sind aber gleichzeitig nichts Starres. Daher wächst dieses Prozesswerk auch stetig, wird korrigiert und regelmäßig aktualisiert.

Prozesshandbuch (PHB):

In dieser gemeinsamen **Wissensbasis** sind unsere internen Abläufe genau beschrieben, sie

- stellt das zentrale Verzeichnis der Prozesse und Abläufe sowie nützlicher Dokumente dar,
- gibt gesetzliche/rechtliche und Kundenanforderungen wieder,
- zeigt das korrekte Zusammenspiel der Schnittstellen im Unternehmen und zum Kunden auf,
- ist eine Darstellung unseres erarbeiteten und laufend erweiterten Best-Practice-Wissens,
- dient als Leitfaden für einen erfolgreichen Standort,
- hilft neuen Standorten beim Aufbau ihrer Strukturen.

Jeder Mitarbeiter kann das PHB online einsehen. Bei Bedarf verschafft er sich damit Klarheit, wie er seine Aufgaben zielführend und effektiv ausführt. Und es öffnet den Blick des Mitarbeiters über seine eigene Tätigkeit hinaus. Er vermag einzuordnen, wo seine Aufgaben im Kontext des Unternehmens stehen, er lernt, in Prozessen zu denken.

Abteilungsübergreifendes Prozessdenken beugt Reibungsverlusten und Tunnelblick vor. Erst das Verständnis für die Notwendigkeit von Vorgaben anderer Bereiche und für deren entsprechende Prozesse erzeugt einen ineinandergreifenden Gesamtmechanismus. Damit nicht nur Führungskräfte diesen Überblick haben, sind Mitarbeiterschulungen zu den PHB-Inhalten wichtig. Dabei sollten Mitarbeiter auch spüren, dass die Unternehmensleitung voll und ganz hinter dem QM-System steht und dessen Umsetzung einfordert.

VORTEILE KLAR KOMMUNIZIEREN

Bei der Vermittlung von Prozessvorgaben sollte nicht vergessen werden, deren Vorteile herauszustellen. Auch die Mitarbeiter, die nicht an der Erstellung mitgewirkt haben, müssen nachvollziehen können, warum es diese zunächst durchaus auch überfordernd wirkenden Regelungen gibt. Sie könnten sonst etwa Mehrarbeit befürchten oder argwöhnen, ihrer Leistung werde nicht mehr vertraut und sie würden nun permanent kontrolliert.

Ich erinnere mich, wie heftig es bei uns im Unternehmen rumorte, als wir vor einigen Jahren unser internes Qualitätsaudit für alle Standorte einführen wollten. Da wurde aufseiten der Mitarbeiter die Frage laut: Warum will die Zentrale unsere Qualitätssicherung kontrollieren?

Wir erklärten den Mitarbeitern daraufhin, dass sie selbst am meisten von dieser Maßnahme profitieren würden. Weil sie dank eines internen Audits ihre Schwachstellen und Stärken besser erkennen und daran arbeiten könnten. Dies reduziert Qualitätsprobleme, verbessert Effizienz und Sicherheit und damit die Standortattraktivität. Außerdem stehen sie beim nächsten externen Audit durch einen Kunden glänzend da. Also: keine Kontrolle, sondern Analyse und Hilfestellung. Das hat sie überzeugt. Und nun waren sie selbst aufgefordert, Vorschläge einzubringen, welche und wie die für uns passenden Standards definiert werden sollen. Dieses Mitgestaltungsrecht steigerte die Bereitschaft enorm, die gemeinsam aufgestellten Regeln später auch zu befolgen.

Wichtig war uns auch, zu kommunizieren: Falls sich einzelne Regeln als unproduktiv erweisen sollten, können sie über den QM-Leiter jederzeit optimiert werden. Diese Flexibilität muss und darf sein – sie ist genauso wichtig wie die »Haltefunktion«, die uns Prozesse nun mal bieten. Prozesse sollten nicht für immer und ewig, sondern besser flexibel angelegt sein. Die Evolution der Märkte und damit der Unternehmen erfordert Anpassungsfähigkeit.

Wir hatten also an alles gedacht: ein Prozesshandbuch mit 1500 Seiten Umfang und ausgeklügelter Struktur erstellt, **Mitarbeiter** in die Erarbeitung eingebunden und klar die Bereitschaft signalisiert, die Vorgaben im PHB flexibel zu halten. Dennoch fiel die **Akzeptanz** dieser umfangreichen Dateien- und Textfülle zunächst bescheiden aus. »Bürokratisch«, »unübersichtlich«, »viel zu viel«, so lauteten die noch freundlicheren Bewertungen.

Wir mussten nach einer besseren Lösung suchen und fanden einen modernen und in das Firmen-IT-System integrierten Weg. Digital, leicht bedienbar, mit Suchfunktion, herunterladbaren Formularen und vor allem attraktiver Oberfläche. Nach dem Motto »sex sells« wirkte unser PHB gleich viel attraktiver, weil es in ansprechender Verpackung daherkam.

Ob als Handbuch oder als digitales Verzeichnis: Es gilt, die erprobten Systeme und Regeln festzuhalten. Raus aus den Köpfen Einzelner, schwarz auf weiß für alle: vom Gehirn in die Hand aufs Papier.

ACHTUNG, MONSTER-ALARM!

Einmal aufgesetzt und nie mehr hinterfragt neigen Prozesse allerdings dazu, zu verknöchern. Achtung vor dem Grundsatz: »Das haben wir schon immer so gemacht!« Rein mechanisch verlaufen dann streng standardisierte Abläufe, die sich zum unumstößlichen Selbstzweck entwickeln, auch wenn es offensichtlich wird, dass sie nicht mehr zeitgemäß sind. Sie können zum bürokratischen Monster mutieren.

Bei uns wurde eine zur Maschinen- und Personaldisposition erstellte und täglich gepflegte Tabelle durch laufende Eingabe weiterer Informationen und Verknüpfungen bis zur völligen Unübersichtlichkeit überfüllt. Statt alte Informationen oder Programmierungen zu entfernen, wurde fleißig hinzugefügt. Statt in Alternativen (andere Software) zu denken, wurde das für so viele Informationen gar nicht ausgerichtete Excel-Tool unendlich erweitert, bis es schließlich für alle nur noch das »Excel-Monster« war.

Wir tendieren heute dazu, vieles den Systemen zu überlassen. Da wird trotz heftigem Regenfall das Gartengrundstück automatisch gewässert, weil es über die Zeitschaltuhr eben so programmiert ist. Da ruckt der Spurassistent den Wagen nach links, obwohl ich langsam die Fahrbahn nach rechts wechseln möchte. Ihnen fallen bestimmt weitere Beispiele ein, in denen das Mitdenken unseres einzigartigen menschlichen Gehirns durch einen Automatismus ersetzt und damit wahrlich nicht verbessert wird. Auf unser Unternehmen übertragen heißt das, wir sollten keine Vorgaben beibehalten, die nicht sinnvoll oder aktuell sind!

Der Mensch ist der Herr, die Prozesse sind die Helfer. Um sich nicht blind von einer Art »Blackbox« abhängig zu machen und den

Prozessvorgaben unmündig zu folgen, ist und bleibt es Aufgabe des Mitarbeiters, immer wieder Ergebnisse auf ihre Validität zu prüfen: Kommt aus diesem Prozess etwas Gutes heraus? Das Nachdenken, Kombinieren und Kontrollieren, der Check von **Plausibilitäten** – all das zusammen dient als Motor für die Verbesserung von Prozessen und ist Garant für die Richtigkeit des Tuns.

Prozesse müssen neu aufgesetzt werden können, wenn sich Anforderungen ändern. Führungskräfte sollten daher um die Prozesse wissen, die in ihrem Unternehmen für Effizienz sorgen sollen. Und ein offenes Ohr für die **Anwender** haben. Denn die Prozesse stellen sich leider nicht automatisch von Zeit zu Zeit selbst infrage – sondern können nur von kritischen, wachsamen Menschen hinterfragt werden.

Prozesse, die Effizienz fördern, Kapazitäten steigern, Arbeiten vereinfachen, behalte ich bei. Wenn Mitarbeiter oder Kunden neue oder andere Systematiken brauchen, ist Flexibilität gefragt. Wer diese Kraft als Unternehmen hat, bleibt und vergrößert sich.

Bleiben wir also wachsam, wenn sich unsere Geschäftsprozesse an die **veränderten Anforderungen** (rechtlich, gesetzlich, durch unsere Kunden) anzupassen haben.

Und achten wir auf eine **Neuaufteilung** oder Umänderung der Prozesse, damit unsere Organisation mit unserem Wachstum Schritt hält.

MODULARES DENKEN

Einmal aufgesetzte, wohlüberlegte Prozessschritte, die auf einem zum Einführungszeitpunkt bestehenden Wissen beruhten, müssen sich also ändern, wenn sich die **Umgebungsfaktoren** verändern. Und das ist meist bei Wachstum der Fall. Dann wird die Organisation größer,

Kommunikation entfernter, werden Abläufe und Kundenanforderungen komplexer – und vielleicht verändern sich auch eigene Leistungen. Hier hilft im übertragenen Sinne WD-40: Ein, zwei Sprühstöße, und der Prozess läuft wieder rund.

Um Flexibilität zu erhalten und Wachstum zu begleiten, ist **modulares** Denken empfehlenswert. Beispiel: Als wir uns für die erste Telefonanlage für 20 Mitarbeiter entschieden haben, war mir der Vorteil dieses Denkens noch nicht bewusst. Es kamen mit den Jahren mehr und mehr Arbeitsplätze bei uns hinzu, weitere Mitarbeiter, die natürlich ein Telefon brauchten. Als der zentrale Steck-Port für die Anschlüsse der Telefonanlage voll war, keine weiteren Anschlüsse mehr an das System passten, konnten wir kein neues Modul hinzukaufen und die zusätzlichen Apparate dort anschließen. Nein, wir mussten die gesamte Anlage und all ihre Telefonapparate abbauen. Gute Technik, die funktioniert hat, nun aber nicht mehr passte. Nur noch interessant für eBay. Wachstum kann teuer sein!

Das nächste Telefonsystem, so hatten wir gelernt, muss für eine künftige Erweiterung aufrüstbar sein. Wir entschieden uns also für eine Anlage, die jederzeit und fast unendlich modular ausbaubar war.

Und genau das sollte auch für ein Unternehmen gelten: Systeme und Prozesse sind ideal, wenn man sie skalieren kann. Wenn sie mitwachsen können.

Die Kunst – und oft auch der Mut – dabei ist, sie bei Wachstum auch wirklich methodisch, technisch oder personell anzupassen. Nicht immer leicht! Es holt einen selbst und die Mitarbeiter aus der Komfortzone, zum Beispiel wenn eine Abteilung neu gegliedert werden muss.

WENN DAS FEHLEN VON PROZESSEN SCHMERZT

Unsere vielen Standorte haben größte Freiheiten, Kundenanforderungen umzusetzen. Auch bei dem Thema IT-Programmierungen. So war unser IT-Dienstleister für diese Aufgaben von unseren Standorten gut gebucht. Im Rahmen der Erneuerung unseres Warenwirtschaftssystems machten wir jedoch eine schmerzliche Erfahrung.

Es kam der Tag der Wahrheit. Ein Update stand an. Und damit auch die Aufgabe, all unsere Sonderprogrammierungen mit dem upgedateten System wieder kompatibel zu machen. Einigermaßen sprachlos machte uns dann die Aussage, das Update würde rund 120 000 Euro kosten und die Anpassung der Sonderprogramme nochmals 160 000 Euro.

Ein Beauftragter unseres Unternehmens prüfte daraufhin, welche Sonderprogrammierungen für die Standorte wirklich wichtig sind, und musste feststellen, dass wir eine Menge doppelter oder sehr ähnlicher Programmierungen für unterschiedliche Kunden hatten durchführen lassen – schlicht weil an den Standorten keiner wusste, welche bestehenden Lösungen andere bereits beauftragt hatten.

Es war eine der wichtigsten Entscheidungen in Sachen IT, einen Mitarbeiter als Projektleiter verantwortlich zu machen, der alle Standorte bereiste, um deren Anforderungen anzusehen und abzugleichen, welche Programmierung dafür passend war. Ihm zufolge erwiesen sich rund 50 Prozent unserer zurückliegenden Programmierkosten als nur bedingt erforderlich, weil ähnliche Software längst vorhanden war. Spätestens hier war klar, dass dezentrale Freiheit ein **zentrales Forum der Wissensführerschaft und der Kontrolle** benötigt.

So beschlossen wir gemeinsam mit den Standorten, dass mehr als die Hälfte der Sonderprogrammierungen nicht angepasst werden (wir warfen sie schlicht über Bord), auch weil das neue System einige brauchbare neue Standards bot. Eine kräftige Ersparnis beim Update war das Ergebnis. Die angefallenen internen Personal- und Reisekosten des Projektleiters für seine intensive Analyse und Koordinationsleistung waren mehr als gerechtfertigt.

Endlich **dokumentierten** wir das Wissen über die Leistungsfähigkeit unseres ERP-Systems selbst. Neue Kundenwünsche aus den Standorten wurden nun über eine zentrale Stelle abgeglichen, und häufig hieß es sogar: Ja, dafür haben wir bereits eine Lösung!

Nebenbei: Die IT ist zu einem unglaublichen Kostentreiber geworden. Neue Investitionen werden gerne als »unabänderlich« bezeichnet, das Bewusstsein für ihren genauen Nutzen ist wenig transparent. Um Kosten und Nutzen im Blick zu haben und Entscheidungen besser treffen zu können, haben wir daher eine Übersicht geschaffen (siehe Station Finanzen, S. 241).

ZENTRAL? DEZENTRAL?

Wenn das Unternehmen wächst, wenn Aufgaben, Standorte und Mitarbeiter dazukommen, müssen die Geschäftsprozesse und Strukturen mitwachsen. Die bestehenden Lebensadern brauchen dann neue Verästelungen, die neue Geschäftsbereiche, Abteilungen oder Standorte mit der nötigen »Nahrung« versorgen.

Wachsende Unternehmen stellen sich fast immer die Frage, ob sie sich zentral oder dezentral organisieren sollten. Dabei sind die Vorteile von Zentralität, wie Einheitlichkeit und Effizienz, gegenüber den

Vorteilen von Dezentralität, wie Flexibilität und Kundennähe, abzuwägen.

»Lasst uns radikal dezentralisieren!«, heißt es vielfach bei jün-
geren Unternehmern, und in Fachkreisen wird Dezentralität als moderne Unternehmensstruktur propagiert: Sie fördere die Flexibilität,
schaffe Kundennähe, verkürze Entscheidungswege, erhöhe die Verantwortung der Mitarbeiter, mache schlank, wendig und fit. Das sehe
ich durchaus auch so.

Dezentral heißt aber nicht, dass jeder Mitarbeiter oder Standort
nach Gutdünken agieren kann. Hier kommen wieder die standardi-
sierten Prozesse ins Spiel: Dezentralität funktioniert nur dann gut,
wenn alle Abläufe in gleicher Qualität und Effizienz vonstattenge-
hen. Dafür müssen die wichtigsten Arbeitsschritte einheitlich – also
zentral für alle – definiert sein. Sonst erhält man in jeder Niederlassung andere Ergebnisse. Und das wäre in etwa so, als würde der »Big
Mac« in jedem McDonald's-Restaurant anders schmecken.

Zentral zu organisieren hat also weiterhin seine Berechtigung,
mehr noch, kann die dezentralen Verantwortlichen sogar entlasten.
Beide Organisationsprinzipien besitzen ihre Vor- und Nachteile. Aus
diesem Grund gilt für uns im Unternehmen bei der zweckmäßigen
Arbeitsteilung das Sowohl-als-auch-Prinzip.

Jedes Unternehmen teilt sich grob in zwei Bereiche: **Produktion**
und **Administration**. Selbst ein Restaurant hat in der »Produktion«
den Koch und das Servicepersonal, den Barkeeper und die Reini-
gungskraft – und in der Administration die Personen, die die Belege
addieren, die Überweisungen tätigen, die Speisekarte drucken lassen
etc. Beide Bereiche müssen perfekt miteinander abgestimmt arbeiten. Genau dafür sind Prozesse da.

Wie verteilt sich Ihr Personal auf diese beiden Bereiche? Schätzen Sie! Bei uns sind etwa vier Prozent des Personals im Bereich der zentralen Administration eingesetzt. Ein kleiner Anteil, den aber rund 40 Prozent unserer Prozesse betreffen! Das zeigt die enge Verbindung zwischen den beiden Polen Produktion und Administration.

ZENTRALE ALS DIENSTLEISTER UND TAKTGEBER

Die Rolle, die die Unternehmenszentrale bei uns spielt, beinhaltet Folgendes: Sie ist verantwortlich für alle **kaufmännischen Tätigkeiten** wie Finanz-, Lohn- und Gehaltsbuchhaltung, für Vertragswesen, Versicherungen, IT und Marketing. Auch die Umsetzung von **Best Practice**, also dem Besten der Systeme an jedem Standort sowie der Vorgaben zu Qualitätsstandards, Arbeitssicherheit und Compliance, ist Aufgabe der Zentrale. (⮢ siehe Abb. 9 – *Struktur zentral/dezentral*)

Es ist erfahrungsgemäß effizienter, wenn hochkompetente **Fachkräfte in der Zentrale** für mehrere Standorte arbeiten, als dass jeder unserer rund 30 Standorte seine eigenen Teilzeitfachleute beschäftigt. Außerdem erleichtert eine räumliche Nähe der Kollegen in der Zentrale den Austausch, die Koordination und Führung.

Mit unseren **zentralen Fachbereichen** entlasten wir überdies diejenigen Mitarbeiter an den operativen Standorten, die sich täglich und vorwiegend um den Kunden kümmern. Mit der positiven Folge, dass sie den Kopf frei haben für dessen Belange. Sie brauchen sich weder um rechtliche Vertragsfragen zu kümmern noch darum, ob der Kunde pünktlich bezahlt hat. Stattdessen können sie sich auf die Kundenanforderungen vor Ort fokussieren. Und die Ohren offen halten für die Veränderungen am Markt.

Wichtig bei einer **Aufgabenteilung** ist die Klärung, wer in welchem Prozess das Sagen hat. Das ist bei uns recht einfach: Kundenbeziehung und Auftragsabwicklung sowie Personalentscheidungen am Standort – hier redet die Zentrale nicht rein. Das ist operative Hochburg. Hier ist nur bei schwerer See das Eingreifen der Zentrale möglich und auch nur über die obere Führungsebene. Die Zentrale liefert in diesen Bereichen ihre flankierenden Leistungen an die Standorte ab und wird dafür vergütet.

Aber dort, wo sie für Aufgaben die **Verantwortung** übernimmt, hat die Zentrale das Kommando – ob Finanzen, IT-Systemsicherheit, Vertragswesen oder Eigenmarketing (zum Beispiel Logos). Denn wenn beispielsweise der Betriebsprüfer des Finanzamtes kommt, gibt die Finanzbuchhaltung in der Zentrale Auskunft. Und die mag es gar nicht, wenn eine Beschwerde eines externen Prüfers wegen eines nicht korrekten Beleges aus einem Standort aufkäme. Das mag an einem operativen Standort dann manchmal kleinkariert erscheinen, wenn die handschriftliche Quittung nicht aussagekräftig genug ist und wegen 15 Euro eine neue ausgestellt werden muss. Aber hier hat die Zentrale das Sagen, weil sie dafür verantwortlich ist, dass alle Belege korrekt vorliegen.

Dieser Mix aus dezentralen und zentralen Strukturen ist also das Mittel der Wahl, um sich trotz wachsender Größe des Unternehmens nicht zu weit vom Kunden zu entfernen. Allerdings ist auch darauf zu achten, dass der **persönliche Kontakt** zwischen der Unternehmenszentrale und den operativen Mitarbeitern erhalten bleibt. Schließlich kann in der Zentrale ja nur das strukturiert und organisiert werden, was durch das Kerngeschäft entsteht – nicht in der Zentrale, sondern in den operativen Units wird das Geld verdient. Damit dieses Bewusstsein immer wieder gestärkt wird, laden wir Mitarbeiter aus den Units in die Zentrale ein, und umgekehrt werden Besuche der Mitarbeiter aus der Zentrale an den Standorten organisiert. Ein herausragendes Beispiel sind dabei die »Back-to-the-roots-Tage«.

Die Back-to-the-roots-Idee

Einmal im Jahr zieht sich das gesamte Team der österreichischen Packservice-Zentrale in Achau morgens gelbe Westen über. Dann beginnt für den Geschäftsführer, die Prokuristen und die Verwaltungsmitarbeiter ein Arbeitstag in der Produktion: Displays bestücken, Produkte konfektionieren, Waren etikettieren und Geschenkkartons falten. Seite an Seite mit den Mitarbeitern an der Produktionslinie.

»Diese Leute haben keine Berührungsängste, sie duzen dich sofort und sagen dir, was du anders machen musst«, sagt unser Geschäftsführer Österreich. Er selbst und seine Kollegen sind jedes Mal wieder beeindruckt, mit welcher Schnelligkeit und Perfektion die Produktionsarbeiter ihre Handgriffe beherrschen. Und wenn die administrativen Mitarbeiter abends fix und fertig nach Hause kommen, wissen und schätzen sie, was an der Linie täglich geleistet wird.

→

→ Seit die Back-to-the-roots-Tage gestartet wurden, ist der Abstand zwischen dem Management und den gewerblichen Mitarbeitern kleiner und das Verständnis füreinander größer geworden. »Es geht darum, die Wurzeln unseres Erfolgs wirklich wertzuschätzen und das Zusammengehörigkeitsgefühl aller Mitarbeiter zu stärken. Daraus ist eine schöne Gemeinschaft entstanden«, so sieht es unser Geschäftsführer. Das schafft die Grundlage dafür, dass Operative und Administration so unvoreingenommen und kameradschaftlich wie möglich zusammenarbeiten.

DANKBAR SEIN FÜR HERAUSFORDERUNGEN

Auf wirklich gelungene Prozesse darf man zu Recht stolz sein. Wenn sie aber nur den eigenen Hochmut fördern, ist der Punkt gekommen, sie zu überdenken. Ich kenne Unternehmen, die ihre Prozesse so weit perfektioniert haben, dass sie Kunden ablehnen müssen, die nicht zu ihrem System passen. Das würde ich – wenn überhaupt – nur im äußersten Extremfall befürworten. Für uns als Dienstleister gilt auch hier das bereits in Station 1 beschriebene Expander-Prinzip (siehe S. 47): Wir erweitern wo irgend möglich unsere Prozesse und passen sie entsprechend den Kundenwünschen an.

So war zum Beispiel wegen der Änderungswünsche eines Pharmakonzerns, für den wir dessen Werbemittellagerabwicklung umsetzten, vorübergehend einiger Kraftaufwand zu betreiben: Jahrelang lief die Bestandskontrolle unter anderem von Drucksachen und einfachen Werbeartikeln nach dem »Wasserstandsprinzip«, was besagt, dass keine Einzelzählung nötig ist, sondern für rechtzeitige Nachbestellungen der fachkundige Blick reicht. Und dies war eingespielt und bis dato ausreichend. Doch nach einem Führungswechsel im Konzern pochte der neue Chef auf ein IT-gestütztes Bestandsmanagement mit Schnittstelle zum Kunden. Dies war vor rund 20 Jahren – und für uns damals eine enorme Herausforderung. Es entpuppte sich im Nachhinein für uns aber als Glücksfall: Wir recherchierten ein neues ERP-System, implementierten es und entwickelten Fähigkeiten und Kompetenzen, damit noch mehr anzubieten – auch für andere Kunden.

Wenn Kunden andere Wege und neue Leistungen von uns fordern (und auch bereit sind, fair dafür zu bezahlen), werden wir unsere Prozesse und Abläufe neu sortieren. Das hat uns bislang immer weitergebracht. Wir müssen ihnen für diese Anforderung im Grunde dankbar sein. Waren und sind sie doch ein Wachstums- und Innovationsbeschleuniger!

2

Das Maps-Prinzip

*Nur wer den Überblick hat,
kennt den Weg*

So wichtig der Blick auf die tiefer liegenden Strukturen eines Unternehmens ist, so notwendig ist auch der von oben und außen.

Wie erklären Sie jemandem, wo Timbuktu oder Casablanca liegt? Wie lässt sich die Entfernung vom Heimat- zum Urlaubsort leicht abschätzen? Wohl am besten über Google Maps oder analog auch auf einer Weltkugel oder einer Landkarte. Solche Orientierung schaffenden Hilfsmittel gibt es auch für Unternehmen! Schaffen Sie sich eine kleine Anzahl von »Maps«, die Ihnen die **Übersicht** über Ihr Unternehmen und Ihre Aufgabenstruktur bieten.

Seit fast 20 Jahren begleitet mich ein externer Berater. Er hat maßgeblichen Anteil an unserer dem Wachstum angepassten prozessualen Entwicklung. Ohne ihn hätte ich viele Tools nicht kennengelernt oder nicht gewusst, wie und wann ich bekannte Tools am besten einsetze. Und ich hätte definitiv weniger »Maps«.

Wir arbeiten gemeinsam an neuen Methoden und Prozessen für das Wachstum der Zukunft. Wir treffen uns monatlich und tauschen uns somit regelmäßig aus. Diese Regelmäßigkeit, dieses Abrufen und Checken des einmal Besprochenen, das Wissen um diesen fixen Termin, an dem ich meine Fragen loswerden kann, hat mir immer schon sehr geholfen. Und selbst heute noch pflege ich diese Tradition, die so viel Input für mich bereithält (siehe Station Führung, S. 303).

JAHRES- UND WOCHEN-MAP

Von dem Berater habe ich auch so einfache Dinge gelernt, wie zum Beispiel, rechtzeitig Termine festzulegen. Ein Treffen mit anderen Führungspersönlichkeiten oder für ein internes Meeting mehrere

Kollegen zusammenzubringen ist kurzfristig meist nicht möglich und die Terminabstimmung ist aufwendig.

Um in Zukunft im »driver's seat« zu sitzen und **vorhersehbare Termine** zu steuern, nahm ich die Empfehlung an, sehr früh zu planen. Ende Oktober beginne ich, die wichtigsten Veranstaltungen, Kongresse, Meetings, Fortbildungen, Messen, Sitzungen, Reisen sowie meinen Urlaub für das Folgejahr zu terminieren. Dazu benutze ich den Ausdruck eines im Internet verfügbaren Jahreskalenders, der quasi meine Landkarte wird für das neue Jahr. Ich nenne diesen ganzen Prozess **»dem Jahr ein Gesicht geben«**.

Einige Termine stehen in direktem Zusammenhang mit Aufgaben gleich mehrerer Abteilungen. So etwa unsere monatliche Geschäftsleitungssitzung, die jeweils aufbereitete Zahlen des Vormonats benötigt. Ein Jahr im Voraus stimmt daher jede Abteilung die Abgabetermine ihrer Vorbereitungsaufgaben (Faktura, Lohnbuchhaltung, Kassen) ab, sodass die Betriebswirtschaftlichen Auswertungen rechtzeitig erstellt und danach die Sitzungstage festgelegt werden können.

Das Ergebnis der Terminübersicht gibt auch meinen Kollegen Orientierung. Denn wenn die monatlichen Meetings, die Halbjahrestreffen und zum Beispiel die Weihnachtsfeier frühzeitig bekannt sind, können auch sie rechtzeitig ihre Planungen machen und haben feste Pflöcke im Jahr.

Nach der Jahres- folgt die **Wochenplanung**. In meiner Geschäftswoche plane ich die Gesprächszeiten (wöchentliche oder 14-tägige Jour-fixe-Termine) mit meinen GF-Kollegen und meinen direct reports. Hier gilt es, **Zeitblöcke** (60 bis 90 Minuten) unterzubringen, die jeweils Vor- und Nachbereitungszeit (15 bis 30 Minuten) verlangen. Diese lege ich so, dass Freiraum für längere Projektaufgaben, weitere

Meetings und Kontakte bleibt. Die Termine aus dem Jahreskalender werden sich mit dem ein oder anderen Jour fixe überschneiden, die langfristige Planung erlaubt es aber, unschwer einzelne Anpassungen vorzunehmen.

DAS K4-SET

Je mehr unser Unternehmen wächst, desto größer wird auch die Komplexität. Das ruft nach klaren Verhältnissen. Nach eindeutig definierten Abläufen, klar verteilter Verantwortlichkeit und geordneten Kommunikationswegen, insbesondere auch nach einer Übersicht über die wichtigsten Bereiche – abgebildet auf meiner Unternehmens-»Map«.

Nur vier Register und insgesamt neun Seiten hat mein Überblick über das Wichtigste für den Unternehmer: Ich nenne es das K4-Set, denn es ist die Darstellung des **K**örpers der juristischen Person (GmbH) mit Torso, Kopf, Armen und Beinen.

Dies beinhaltet die **gesellschaftsrechtliche** Aufstellung (eine Seite), die Besetzung der wichtigsten Positionen beziehungsweise die noch zu besetzenden **Stellen** (eine Seite), die **Markt-** und **Finanzlage** des Unternehmens (fünf Seiten) und die aktuellen **Ziele** des Unternehmens und der Geschäftsführer (auf zwei Seiten). Gerade die erstgenannte ist bei Wachstum unter rechtlichen und steuerlichen Aspekten immer wieder optimal zu gestalten und zudem eine gefragte Darstellung für Steuerberater, Rechtsanwalt, Banken und Behörden.

1. **Torso – die Unternehmensstruktur** (eine Seite)
   - Gesellschafter, Holding, Zwischenholdings, Töchter und ihre Beziehungen
   - HRB-Nummer, Gründungsdatum, Stammkapital
   - Standorte und deren Betriebsnummern
   - Kontonummer(n) bei der Bank
   - Geschäftsführer/Prokuristen
2. **Kopf – das Organigramm** (eine Seite)
   - Führungskräfte und Fachbereiche
   - Alle wichtigen Positionen und deren Besetzung (N. N. für eine Position, für die noch kein Mitarbeiter gefunden ist)
3. **Arme – die Finanzen** (fünfmal eine Seite)
   - Budget, Vorjahr und Ist-Zahlen aktuelles Jahr
   - Liquiditätsübersicht (Kontenstandsentwicklung)
   - Langfristentwicklung (fünf bis zehn Jahre) Umsatz, Betriebsergebnis
   - Zwanzig Top-Kunden und fünf Top-Branchen jeweils mit deren Umsätzen und Umsatzanteilen
   - Investitionen der letzten drei Jahre (idealerweise aufgeteilt in IT, Maschinen/Produktion, Möbel/Ausstattung Büros, Kfz, F&E etc.)
4. **Beine – die Ziele** (zweimal ein Seite)
   - Qualitative Jahresziele (fünf bis neun) jedes GF für seinen Bereich
   - Übersicht der Fünf-Jahres-Ziele des Unternehmens

Die One-Page-Taktik

Einfachheit sorgt für Klarheit und Schnelligkeit – zum Beispiel bei Entscheidungen. All die oben genannten Dokumente zeichnen sich dadurch aus, dass sie die wichtigsten Parameter auf nur einer Seite zeigen. Da gibt es kein Blättern oder langes Scrollen, keine Rückseite – alles nach dem Prinzip »der einen Seite«.

Auch bei anderen relevanten tabellarisch oder grafisch aufbereiteten Informationen habe ich den Anspruch der einen Seite. Einige Beispiele:

- **HR-Jahresplanung** (Übersicht über die Maßnahmen und Kosten der Schulungsprogramme)
- **Administrative Vorgaben** (Urlaubsantrag etc.)
- **Qualitätsbericht** als Übersicht über alle Standorte/Units mit dem letzten internen Audit-Datum und dem Ergebnis
- **Zugriffsrechte** (Rollen, zum Beispiel im Kalendersystem, Berechtigungen)
- **Schlüsselvergabe** (Liste mit Unterschrift für die Ausgabe von Zugangschips oder Schlüsseln)
- **Kundenverträge** (vor jedem Vertrag liegt ein Deckblatt mit allen relevanten Informationen und Daten)
- **Investitionsantrag** (Argumentation und Kosten auf einem Dokument)

→

→ | Für meine Mitarbeiter gilt diese Vorgabe auch bei Recherchen oder **Entscheidungsvorlagen** und ist immer wieder eine Herausforderung. Aber sie wissen, dass sie und ich mit einer fokussierten Übersicht schneller zu einem **Ergebnis** kommen. Und sie verstehen das Argument für diese »Einseitigkeit«: Viele einseitige Zusammenfassungen bieten vielseitige Information mit Übersicht.

ORGANIGRAMM

Auch wenn dem Managementbegriff »Organigramm« als Abbild einer starren Unternehmenshierarchie kein guter Ruf vorauseilt, ist Hierarchie doch auch nur ein Ordnungsprinzip, das Verantwortlichkeiten abbildet, per se also nichts Schlechtes. Zu Verwirrspielen kommt es, wenn dieses Prinzip nicht klar dargelegt und erklärt wird. Dann bilden sich nämlich unter der Oberfläche der Abteilungen informelle Rangordnungen, die kaum zu durchschauen und zu kontrollieren sind. Dann doch lieber Klarheit nach innen und außen schaffen.

Im Organigramm sind getroffene und noch zu treffende Personalentscheidungen (N. N.) inklusive **Verantwortlichkeit** und **Zuständigkeit** sorgfältig niedergeschrieben und grafisch so dargestellt, dass schnell klar ist, wer was verantwortet und wen führt. Richtig aufbereitet ist ein Organigramm ein echter Schatz an wertvollen Informationen.

Vor Kurzem wurde ich aufmerksam auf die kreative Darstellung eines Organigramms mittels eines Baums, an dessen Wurzeln die Namen der Geschäftsführer standen. Ein Unternehmensorganigramm muss also nicht zwingend wie eine Pyramide aufgebaut sein. Es kann von unten nach oben oder auch wie ein Text von links nach rechts gelesen werden. Hier steht der Vorgesetzte gewissermaßen hinter den Mitarbeitern statt über ihnen. Genau so ist unser Organigramm angelegt, es versteht sich insofern als Abbild einer Unternehmensphilosophie, die auf **Aktivität und Verantwortung** setzt. (⬀ siehe Abb. 10 – *Organigramm*)

Wie erstelle ich ein Organigramm? Die vielen Aufgaben in einem Unternehmen führen zunächst einmal dazu, in Abteilungen und Fachbereichen zu denken. Wir haben in der Zentrale Aufgaben geclustert und dafür Überschriften gefunden: zum Beispiel für alle Werbe- und Kommunikationsaufgaben, Messen, Mailings, PR den Bereich »Marketing/Kommunikation«. Für Arbeitssicherheit, Qualitätsaudits, Compliance, Datenschutz den Bereich »Qualitätsmanagement« etc. Nun überlegten wir, wer der beste Kopf, der Verantwortliche für diesen Aufgabenkomplex ist. Dieser wird Leiter seines Bereiches und führt die zugeordneten Mitarbeiter. So erhält jede »Zelle« im Organigramm ihre personelle Besetzung. Auch innerhalb eines Bereiches muss eindeutig zugeordnet werden: **Verantwortung** (wer für was?) und **Berichtslinie** (wer an wen?).

Zwei Anmerkungen dazu:

1. Ein und dieselbe Person kann auch an **mehreren Positionen** im Organigramm stehen. Ich stehe beispielsweise als Geschäftsführer und als Bereichsleiter im Organigramm.
2. Vermeiden Sie, dass »zu viele Köche« am Organigramm schreiben dürfen. Unseres liegt quasi im »Tresor«, wird also nur an

einer Stelle des Unternehmens (durch meine Assistentin) gepflegt. Damit nicht unterschiedliche Versionen vorliegen, senden die Abteilungen ihr die Veränderungen zu. Nur sie darf dann das **Original-Organigramm** ändern und es intern verteilen. In seltenen Fällen wird es durch sie anonymisiert auch für externe Zwecke (wie Behörden, Kunden) ausgegeben.

Intern wird ein Organigramm immer dann hilfreich, wenn es um die Verantwortung für Ergebnisse eines Bereichs geht. Und auch um Klarheit, welche Führungskraft für welche Mitarbeiter und deren Ergebnisse, aber auch deren Führung und Entwicklung verantwortlich ist. Und welche Position noch zu besetzen ist, weil zwar ein Kopf nötig ist, aber noch kein Name (dafür steht die Bezeichnung »N. N.« – not nominated) im Organigramm steht. Wenn ein neuer Mitarbeiter ins Unternehmen kommt, sieht er im Organigramm auf einen Blick, an wen er sich in welcher Angelegenheit wenden kann oder soll. Das schafft Orientierung, Verantwortung, Klarheit und Gewissheit – in meinen Augen ist das Organigramm aus diesen Gründen unschlagbar.

Extern setzen wir das Organigramm nur ohne namentliche Benennung der Personen ein. Für diese Zwecke wird eine Version erstellt, die zum Beispiel der Hausbank oder einem Kunden die gute Struktur und die Kompetenz durch Besetzung von Bereichen darstellt. Auch mag es dort relevant werden, wo ein Kunde zum Beispiel wissen möchte, an wen unsere Qualitätsabteilung berichtet.

RECHTE-MAP

Der Großteil von Informationen innerhalb eines Unternehmens liegt auf dessen Servern oder in der Cloud und ist nicht mehr in Stehordnern im Schrank. Einen Ordnerschrank konnte man abschließen und damit den Zugriff durch andere ausschließen. Wie geht das digital? Ich fühle mich wohler, wenn ich weiß, wer auf meine Dateien Zugriff hat. Im Zuge der Digitalisierung ist es ja geradezu selbstverständlich, dass viele auf vieles zugreifen können, digitale Pfade geöffnet sind – aber nicht alle für jeden. Es gibt eben Personaldateien und Finanztabellen, die man nicht mit jedem teilen kann. Daher braucht es ein ausgeklügeltes **Rollenverteilungsrechte-System**, das besagt, wer auf welchen Pfad zugreifen, Dateien lesen oder sogar verändern darf. Dies gilt ebenso für ein Kalendersystem, in dem auch Inhalte von Besprechungen zu vertraulichen Themen stehen könnten, die in diesen Fällen nur für die Teilnehmer und nicht für jeden lesbar sein sollen.

Digitalisierung bedeutet nicht, dass alle Systeme und Inhalte für alle lesbar und bearbeitbar sein müssen. Daher sind eine klare Trennung und Vergabe der Rechte von Anfang an nötig. Erstellen Sie eine Übersicht, auf der die Namen der User alphabethisch aufgezählt sind, daneben in mehreren Spalten ihre Zugriffsrechte (Pfade) in der IT-Welt. Dasselbe gilt auch für Zutrittsrechte in die Räume des Firmengebäudes (wie IT-Serverraum etc.). Geben Sie die Ausgabe und die Pflege dieser Liste in vertrauensvolle Hände.

TRANSPARENZ DURCH FARBLOGIK

Klarheit spiegelt sich übrigens nicht nur in der Hierarchie – sie fängt für mich auf dem Schreibtisch jedes Mitarbeiters an, in jeder Abteilung! Klarheit in der **Ablage** zum Beispiel hat ebenfalls mit gut durchdachten Prozessen zu tun: Irgendwo müssen Mitarbeiter die vielen Informationen, die täglich anfallen, ja ablegen und speichern. Und bestenfalls so, dass sie oder andere Befugte rasch Zugriff darauf haben.

Das funktioniert nicht immer digital und ist oft auch alles andere als effizient: Mitarbeiter verschwenden laut einer Studie im Jahr hochgerechnet bis zu 30 Arbeitstage mit der Suche nach Unterlagen, Dokumenten und Dateien.[8] Diese große Zeitressource kann doch wirklich besser genutzt werden, oder? Einen Weg der schnellen Wiederauffindbarkeit stelle ich gerne vor, weil wir damit in der Praxis gute Erfahrungen gesammelt haben.

Dort, wo Dokumente, Ausdrucke, Listen, Ausschnitte, Einladungskarten, handschriftliche Gesprächsprotolle etc. bearbeitet werden, braucht es ein sinnvolles, organisationseinheitliches System. Wir verwenden statt der Stapelmethode (Mappen oder Schriftstücke aufeinanderlegen) gerne die Reihenmethode (Hängeregister/Stehmappen). So haben wir unsere Büroorganisation auf die MAPPEI-Methode umgestellt. Dabei wird jedes Schriftstück je nach Thema in eine mit farblichem Reiter versehene Stehmappe sortiert. Durch die durchdachte Beschriftung der Reiter und deren alphabetische Posi-

---

8 Ralph Schneider, Oliver Schöllhammer, Felix Meizer, Lukas Lingitz: *LEAN Office 2010. Wie schlank sind Unternehmen in der Administration wirklich?* Hrsg. Engelbert Westkämper, Wilfried Sihn; Fraunhofer IPA, Stuttgart 2011.

tionierung ist der Zugriff auf Unterlagen fast ohne Suchzeiten möglich. Wer eine neue Information zu einem bereits erstellten Thema hat, legt sie einfach in der entsprechenden Mappe ab. Da liegt kein Stapel von Blättern mehr auf dem Tisch, sondern es stehen Mappen in transparenten Stehsammlern neben dem Schreibtisch. Bei einer Rückfrage ist aufgrund der Farben und Beschriftung schnell die Mappe zur Hand. Termine sind in Outlook oder im elektronischen Kalender eingetragen – die zu den Terminen nötigen Mappen nimmt man mit in das Meeting und bringt sie danach wieder zur Ablage zurück.

Einen echten Mehrwert bringt die **Farblogik** bei den zu beschriftenden Reitern. Jede Farbe steht für ein Gebiet:

Grün für Kunden
Orange für Personal
Rot für Prozesse und interne Aufgaben
Blau für Finanzen
Gelb für Lieferanten
Violett für Werbung/Marketing
Rosa für externe Projekte und Wettbewerb
Weiß steht für Information

Wir nutzen die gewählte Farbstruktur einheitlich über Bearbeitungsphasen und Abteilungen hinweg. Das heißt: Die Ablage funktioniert überall auf die gleiche Art. Das erleichtert die Teamarbeit, zum Beispiel auch bei Urlaubs- oder Krankheitsvertretungen. Mit dieser Art von Papierablage ist die gute Auffindbarkeit von Informationen an jedem Arbeitsplatz gewährleistet.

Wir übertragen diese Farblogik auch auf andere Abläufe: Bei Meetings verwenden wir **Metaplan-Karten** in den vier Farben Grün (Kunde), Orange (Personal), Rot (Prozesse) und Blau (Finanzen). Wenn wir diese Karten beschriften und an die Wand hängen, wird anhand der Anzahl der jeweiligen Farbkarten deutlich, wo die Schwerpunkte des Meetings liegen.

Ob für die Ablage oder andere Einsatzgebiete – eine Farblogik schafft zusätzlich **Struktur** und Übersicht. Wichtig ist, sie allen mitzuteilen, damit die Logik im ganzen Haus bekannt ist!

SCHLICHT UND KLAR

Je übersichtlicher Prozesse gestaltet werden können, desto besser für die Orientierung und die Umsetzung. Und wer dabei Einfachheit schafft, hat etwas sehr Schwieriges gemeistert: nämlich komplexe Vorgänge so weit heruntergebrochen, dass ihr **Wesenskern** sichtbar wird und sie damit steuerbar werden.

Das Silber-Prinzip

Damit das Unternehmen weiß,
was in ihm steckt

Wenn wir Prozesse als Lebensadern des Unternehmens betrachten, dann fließen darin, genau wie im Blut, vielerlei Botenstoffe und Informationsträger. Das Gefäßsystem funktioniert also wie ein durch den ganzen Körper verzweigtes Kommunikationsnetzwerk, in dem ständig ein intensiver Austausch von Nachrichten stattfindet. Nichts anderes geschieht in den **Kommunikationsprozessen** der Unternehmen: in Meetings, Korrespondenzen, Mitarbeiter- oder Kundengesprächen, Newslettern und dergleichen mehr.

Die Systemtheorie definiert das Unternehmen als die Summe des immerwährenden Austauschs seiner Mitglieder. Für die Praxis ergibt sich daraus eine wichtige Erkenntnis: Funktioniert der kommunikative Austausch im Unternehmen gut, ist es gesund. Funktioniert er schlecht, dann kränkelt der Betrieb. Und funktioniert er nicht mehr, ist das Unternehmen in Gefahr. Experten gehen davon aus, dass **bis zu 80 Prozent der auftretenden Fehler am Arbeitsplatz kommunikationsbedingt sind**, etwa durch Informationslücken, Missverständnisse, schwammige Anweisungen, ungesicherte Behauptungen oder Verständigungsbarrieren. In gut strukturierten und transparenten Kommunikationsprozessen steckt somit ein enormes Verbesserungspotenzial.

Wir haben es beim Thema Kommunikation also mit einem **überlebenswichtigen Prozess** zu tun. Kommunikationsprozesse sind alles andere als eine nette, aber unproduktive Nebensache. Sie tragen entscheidend zur Wertschöpfung bei und machen einen Großteil der Aktivitäten im Unternehmen aus. Insofern möchte ich die Redensart »Reden ist Silber, Schweigen ist Gold« etwas umgewichten: Wenn »Gold« für Diskretion, Vertraulichkeit, Unterbinden von Gerüchten oder Falschmeldungen steht, stimme ich zu. Gold als Element der **Konstanz**, doch dann folgt gleich »Silber« für Kommunikation und Offenheit. Denn die braucht es als Element der **Dynamik**!

Je größer, verzweigter, gewachsener eine Organisation, desto mehr Spezialwissen gibt es: Wissen um den neuen Standort, den neuen Kunden oder das spezielle Fachthema – da können nicht mehr alle Mitglieder der Führung alles auf dem Schirm haben. Sie müssen lernen, anderen zuzuhören, um etwas aus dem eigenen Unternehmen zu erfahren.

Wie kann es gelingen, Kommunikation anzuregen? Wie kann – anders als beim »Flurfunk« – die tägliche Springflut von Informationen in Bahnen geleitet werden, die für mehr Wissen und weniger Gerüchte sorgen? Wir setzen auf die gesunde Mischung aus formellem und informellem Austausch.

REDEKULTUR (1): RAHMEN GEBEN

Zunächst der **formelle Austausch**: Welche Formate eignen sich für gute Kommunikation und das gegenseitige Verstehen? Gerade im digitalen Zeitalter favorisiere ich das klassische und persönliche Meeting. Insbesondere dort, wo Mitarbeiter aus verschiedenen Standorten nicht so häufig miteinander Kontakt haben, ist ein Treffen stets wirkungsvoll. Es gibt diesen entfernt agierenden Mitarbeitern, die ja Repräsentanten des Unternehmens sind, auch die Möglichkeit, wieder Tuchfühlung und Einordnung zu erfahren. Gleichzeitig schafft es Raum, sich mit anderen auszutauschen, seinen eigenen Wert und Beitrag für das Ganze zu erkennen.

»Tue Gutes und rede darüber.« Diesen so alten wie weisen Spruch aus dem Munde des Kommunikationswissenschaftlers Georg-

Volkmar Graf Zedtwitz-Arnim sollten Führungskräfte wörtlich nehmen und es nicht für selbstverständlich halten, dass ihr Wissen um
Ziele, Strategie, neue Kunden, neue Techniken, interessante Vorhaben
etc. im Unternehmen bei allen bekannt ist. Das ist eben tatsächlich nur
dann der Fall, wenn man dieses Wissen auch teilt. Dazu sollten sie
Plattformen schaffen, die **regelmäßige und strukturierte** Kommunikation sicherstellen – und deren Ergebnisse festhalten.

Hier einige Beispiele aus unserem Unternehmensalltag:
- Wöchentlich oder 14-tägig je ein **Vier-Augen-Gespräch** mit
  seinen direkt geführten Mitarbeitern.
- Monatlich mit seinen direkt geführten Mitarbeitern ein gemeinsames Berichtsmeeting. Bei fünf Teilnehmern heißt es
  Quintett und überschreitet 45 Minuten nicht. Alle vier Mitarbeiter haben jeweils zehn Minuten Redezeit, der Leiter führt
  ein und fasst zusammen. Wenn jeder in aller Kürze erfährt, was
  den anderen gerade beschäftigt, kann das Synergien schaffen
  und Doppelarbeit vermeiden.
- Halbjährlich kommen im großen Kreis diejenigen zusammen, die
  Informationen einbringen und mitnehmen sollen – zum Beispiel
  die operativen Führungskräfte aus den Standorten und Mitarbeiter aus Stabsfunktionen. Bei uns heißt dies **GFK-Meeting**
  (großer Führungskreis). Einer Einführung durch den Länderchef
  folgen unter anderem die Präsentationen der Standortleiter. Zum
  Abschluss gehen die Teilnehmer zusammen zum Abendessen.
- Halbjährlich laden wir die jeweils **neuen Mitarbeiter** zu einem
  Come-together-Tag ein, an dem sich verschiedene Bereiche
  präsentieren und ihnen einen vielschichtigen Einblick in das

Unternehmen geben. Sachkenntnis und Networking soll sie früh einbinden.

- Jährlich gibt der Geschäftsführer der Zentrale seinen Mitarbeitern einen Rundumblick im Rahmen des sogenannten **Info-Tags**. Dort präsentieren Bereichsleiter und Führungskräfte aus der Operativen (Vertrieb, Aktuelles aus den Standorten). Nachmittags steht Teambuilding an – meist eine (Outdoor-)Aktivität. Ein Abendessen mit allen Teilnehmern rundet den Tag ab.
- Jährlich bis alle zwei Jahre wird ein Team aus Fach- und Führungskräften zum sogenannten **Strategiemeeting** in einem Tagungshotel versammelt. Hier diskutieren und verabschieden wir die Ziele und Maßnahmen des laufenden Jahres, anlehnend an die Fünf-Jahres-Vision. Für drei bis fünf Themen, die besondere Aufmerksamkeit erhalten sollen, wird jeweils eine Fokusgruppe gebildet. Die Ergebnisse jeder Gruppe werden im Detail auf einem Formblatt protokolliert: Wer kümmert sich um welches Thema, mit welchen Mitteln und in welchen Schritten – bis zu welchem Zeitpunkt? Mit ihrer Unterschrift verpflichten sich die Teilnehmer zur Erfüllung ihres selbst verfassten Auftrags und verfolgen nach dem Meeting die Ziele weiter.
- Unregelmäßig veranstalten wir einen **Lunch & Talk**, bei dem jeweils ein Referent in maximal 20 Minuten sein Projekt oder eine Aufgabenstellung vorstellt. Danach wird gemeinsam ein Stehimbiss eingenommen und sich ausgetauscht.

REDEKULTUR (2):
DREHSCHEIBE FÜR INFORMATIONEN

Den **informellen Austausch** der Mitarbeiter halte ich persönlich für sehr förderlich. Meist sind es doch ohnehin unternehmensbezogene Themen, die zwischen Tür und Angel oder in den Pausen besprochen werden. Und oft fließen dabei wichtige Informationen, persönlich und ganz ungezwungen. Wenn es mal private Themen sind – auch gut, denn hier arbeiten Menschen, und die sollen sich gut kennen und verstehen! Daher bin ich der Meinung, diese Art der Kommunikation sollte ein Unternehmen sogar gezielt anregen.

Aus dem Grund haben wir für unsere Mitarbeiter eine einladend gestaltete Kaffeebar eingerichtet, die von ihnen gerne und oft frequentiert wird. Nicht nur weil der Cappuccino dort gut schmeckt, sondern auch weil man beim gemeinsamen Plausch mit den Kollegen en passant Informationen teilen kann.

Auch Geburtstage, das Vorstellen oder Verabschieden von Mitarbeitern oder Anlässe wie Jubiläum, Hochzeit oder Geburt sind immer wieder gute Gelegenheiten, die Abteilung(en) zusammenzurufen und bei Kuchen oder Brezeln das persönliche Gespräch zu suchen. Es stärkt das **Wir-Gefühl**, hilft aber ganz nebenbei auch, **fachliche Fragen** zwischen denen, die sich sonst nicht sehen würden, schnell zu klären.

Außerdem gelingt es mit Blickkontakt schnell zu erkennen, wie eine Botschaft beim Gegenüber ankommt, im Gegensatz zum E-Mail-Verkehr oder sonstigen digitalen Austausch. Obwohl die Zeit meist knapp ist, halte ich jedes auch noch so kurze Gespräch auf den Fluren im Unternehmen für wertvoll. Aber halten Sie es in der Regel kurz (unter fünf Minuten), sonst wird es zum Zeitfresser.

PRAXISTIPP

Sicher kennen Sie das: Zu viele Informationen, die per E-Mail verteilt werden, sorgen in den Postfächern von Geschäftsführung, Führungskräften und Mitarbeitern regelmäßig und häufig für Verstopfung. Meine einfache Lösung für die Vermeidung des nervigen **E-Mail-Overload:** Ich weise jeden mit mir mailenden Mitarbeiter im Unternehmen darauf hin, dass ich nur auf cc gesetzt werden möchte, wenn die Mail auch wirklich eine an mich gerichtete Aufgabe beinhaltet, die auch nur ich bearbeiten kann. E-Mail-Verkehr rein »zur Info« zu senden ist tabu. Das entzieht auch der Argumentation die Grundlage, man selbst trüge keine Verantwortung, denn der Vorgesetzte »hätte es ja gewusst«, weil in irgendeiner der vielen Cc-Mails eine Info dazu stand. Diese **Cc-Diät** empfehle ich gerne weiter. Sie verhilft zu enormer Zeitersparnis beim Empfänger, setzt aber Feingefühl beim Versender voraus.

REDEKULTUR (3): GUT ZU WISSEN

Der Begriff **Compliance** steht für die Regeltreue und das integre Verhalten aller Mitarbeiter. Das Thema erscheint mir, wenn es um Prozesse geht, sehr gut passend: Es gibt immer wieder Situationen, in denen sich Mitarbeiter und Führungskräfte entscheiden müssen. Handle ich rechtlich »sauber«? Was ist Gesetz und was ist im Unternehmen gesetzt? Welche Richtlinien gibt es, woran kann ich mich halten? Wo erfahre ich, wie mein Unternehmen hierzu »tickt«? Wann setze ich »Gold« (Schweigen) und wann »Silber (Reden) ein? Dazu braucht es klar geregelte Abläufe.

Je mehr Vertrauen ein Unternehmen als **integrer, fairer und ehrlicher Geschäftspartner** genießt, desto erfolgreicher wird seine Geschäftsentwicklung sein, sein Wachstum. Und umgekehrt kann es erhebliche Risiken nach sich ziehen, wenn das Thema Compliance im Unternehmen nicht ernst genug genommen wird. Mindestens genauso schwer wiegt ein möglicher Imageschaden.

Ein paar Jahre, nachdem wir in Österreich Fuß gefasst und unsere Marktstellung ausgebaut hatten, gab es eine unmoralische Anfrage an unseren dortigen Geschäftsführer. Der Einkäufer eines neuen Kunden wollte gerne stärker mit uns ins Geschäft kommen. Dazu müssten wir ihm jedoch direkt Geld zukommen lassen, so dessen Bedingung. Das war eine heikle Situation – die Antwort aus dem Bauch heraus war klar. Und hätte es damals bereits unsere Compliance-Richtlinien gegeben, wäre es auch vom Kopf her keine Frage gewesen. Ein klares Nein! Damals gab es einen kurzen internen Austausch und die offene Information an den Chef des dubiosen Kunden: »Ohne uns!«

COMPLIANCE-HANDBUCH

Doch nicht immer wissen alle Mitarbeiter, wie sie sich verhalten sollen. Und Unwissenheit schützt ja bekanntlich nicht vor Strafe. Das heißt: Die Ausrede »Ich habe ja nicht gewusst, wie das hier gehandhabt wird« zählt weder vor dem eigenen Chef noch vor Gericht.

Damit unsere Mitarbeiter wissen, welche gesetzlichen Vorschriften und ethischen Verhaltensregeln sie einzuhalten haben, gibt es bei uns ein unternehmensweites Compliance-Managementsystem. Herzstück ist das **Compliance-Handbuch**, das Antworten gibt auf Fragen wie: Wie verhalte ich mich richtig beim Umgang mit Dienstleistern? Was ist hinsichtlich Gesundheit und Sicherheit am Arbeitsplatz zu beachten? Wie gehen wir mit Kollegen unterschiedlicher Herkunft, Lebensanschauung oder Religion um? Welchen Beitrag können wir für den Umweltschutz leisten? Wie schützen wir die Daten unserer Kunden? Wie sichern wir die Vertraulichkeit unserer eigenen Daten und halten den Datenschutz ein? (⬈ siehe Abb. 11 – *Compliance*)

FÜNF FRAGEN ZUR SELBSTKONTROLLE

Ein schriftliches Compliance-Regelwerk ist besonders wirksam, wenn es über die graue Theorie hinaus **konkrete Anweisungen** für den Arbeitsalltag enthält. Was etwa soll ein Mitarbeiter tun, wenn er mit einer juristisch oder ethisch unklaren Situation konfrontiert wird? Dafür haben wir unseren Compliance-Guide erstellt. Gleich am Anfang haben wir dort fünf Fragen formuliert, die sich ein Mitarbeiter bei Unsicherheit dann stellen sollte:

1. Ist meine Handlung legal?
2. Entspricht meine Handlung Wort und Geist dieses Regelwerks und unserer Unternehmenswerte?
3. Ist meine Handlung frei von persönlichen Interessen?
4. Hält meine Handlung einer externen oder internen Prüfung stand?
5. Ist eine Gefährdung des Rufs unseres Unternehmens durch meine Handlung ausgeschlossen?

Kann der Mitarbeiter alle Fragen mit »Ja« beantworten, dann ist seine Handlung höchstwahrscheinlich korrekt und stimmt mit den

Compliance-Leitlinien überein. Sollte sich ein Mitarbeiter immer noch nicht sicher sein, fragt er seinen Vorgesetzten oder die benannten Compliance- Ansprechpartner in unserem Haus – bis er Sicherheit hat. Das funktionierende Adernetzwerk ist auch hier gelegt.

Wir stellen mit **Schulungen** sicher, dass Mitarbeiter hinreichend über die Grundsätze und Inhalte unserer Compliance-Regeln informiert werden. Und auch unsere Subdienstleister müssen bei jedem Vertragsabschluss unsere Compliance-Regeln anerkennen und sich auf geltende Gesetze und Richtlinien verpflichten. Denn wir erwarten von allen Geschäftspartnern, dass sie sich ebenso integer, fair und gesetzestreu verhalten, wie wir es selbst tun.

REDEKULTUR (4): DATENSCHUTZ

Die 2019 relevant gewordene Datenschutzgrundverordnung der EU hat viele gute Seiten. Vor allem, dass man – anlehnend an einige sehr allgemein formulierte gesetzliche Vorgaben – seine eigenen Leitlinien erstellen kann. Die klare Regelung vom Umgang mit den vielen Daten bringt Sicherheit. Der Inhaber einer Datenschutz-Beratungsfirma sagte mir dazu neulich: »Solche Formalien müssen aber zum Unternehmen passen und nicht umgekehrt!« Daher ist es eine gute Übung, passende und machbare Beschreibungen für sein Unternehmen selbst aufzustellen.

So gut Regeln sind, hebe ich dennoch die Gelbe Karte! Lassen Sie Spielräume und vertrauen Sie auf Menschenverstand, damit das Unternehmen nicht in Vorgaben erstickt. Stellen Sie zudem die Regeln anschaulich, grafisch, in kurzen Texten und verständlicher Sprache dar. »Keep it simple!«

Das Share-&-Care-Prinzip

Die Zellteilung im Unternehmen fördern

Die meisten schnell wachsenden Unternehmen kennen den kritischen Punkt, an dem der ganze Betrieb förmlich auf den Felgen fährt. Wir selbst erlebten diese Situation im Jahr 2011. Nach Jahren des unbedingten Wachstumswillens wurden die Anzeichen von personeller Überforderung und fehlenden Ressourcen immer deutlicher. Es galt, innezuhalten und darüber nachzudenken, wie wir das Wachstum unseres Unternehmens künftig wieder auf ein solides Fundament stellen könnten. Wir kamen zu dem Schluss, dass das Umsatzwachstum (Kundenerfolg) und der nicht angepasste Ausbau der anderen Bereiche (Personal, Prozesse etc.) so nicht zukunftsfähig waren.

Wir vier Geschäftsführer trafen uns auf 1000 Meter Höhe nahe dem kleinen Dorf Stoos am Vierwaldstätter See. Um uns herum Natur pur, Kuhglockengeläut und Weitblick. Keine Hektik, keine Autos, kaum Komfort. Wir mussten hier im Wortsinn hochkommen, um »runterzukommen«. Um das Tagesgeschäft abzulegen und uns in die Vogelperspektive zu begeben.

CARE (1): POSITIONSBESTIMMUNG DURCH SWOT-ANALYSE

Unsere Arbeit begann mit einer schonungslosen Bestandsaufnahme: Zuerst erstellten wir für die ganze Unternehmensgruppe eine SWOT-Analyse. Welche Stärken (**S**trengths) haben wir und wo sind die Schwächen (**W**eaknesses)? Welche Chancen (**O**pportunities) existieren? Welche Bedrohungen (**T**hreats) lauern?

Das Ergebnis dieser Positionsbestimmung bestätigte unsere Befürchtungen. Die Liste der Schwächen und Bedrohungen war mindestens so lang wie die unserer Stärken und Chancen. Wir hatten also zu tun. Mussten uns mehr auf die Konsolidierung und Festigung des Unternehmens konzentrieren und nicht mehr hauptsächlich auf das quantitative Wachstum. Bildlich gesprochen war es nun an der Zeit, unser Schiff nach einem langen Törn auf See zurück in den Hafen zu steuern, um neue Mannschaftskollegen an Bord zu holen, neue Ausrüstung aufzunehmen und Reparaturtrupps einzusetzen, die das Schiff wieder flottmachen würden. In Stoos legten wir den Grundstein für unsere neue Fünf-Jahres-Phase mit der Zielsetzung des qualitativen Ausbaus. Demgegenüber klingt Umsatz- und Standortwachstum als Zielsetzung zwar attraktiver, aber die Anpassung der Strukturen war nun wichtiger.

Um in der Symbolik dieses Buchs zu bleiben: Vor uns lag ein bewusster Gang durch alle fünf Stationen der Lemniskate, die fit gemacht werden mussten für unser bisheriges und das weitere Wachstum. In den darauffolgenden Jahren veränderten und verbesserten wir unsere Prozesse, bauten die IT und das Qualitätsmanagement aus. Wir kümmerten uns um neue Kompetenzfelder, erweiterten unseren bislang wenig beachteten Bereich der Verpackungsentwicklung und boten Kunden an, bevor wir das Copacking übernehmen, bereits die Präsentationsverpackung zu konzipieren und das Material dafür einzukaufen. Und natürlich holten wir etliche neue Fachkräfte an Bord. Wir zogen neue Ebenen in die Führungsstruktur ein und besetzten sie mit bewährten Mitarbeitern aus unserem Haus.

SHARE (1): ACHTSAM TEILEN

Wie schon im »SZ-Prinzip« als »magische Sieben« (siehe S. 105) beschrieben, sollten Führungskräfte nur eine begrenzte Anzahl von Mitarbeitern führen. 2014 hatte mein Deutschland-Geschäftsführer diese Grenze längst überschritten: Er war extrem viel unterwegs, um sich mit seinen mehr als zehn Standortleitern abzustimmen. Bei all diesen Reisen und Besprechungen war es für ihn nicht einfach, seinen anderen, ebenso wichtigen Aufgaben nachzukommen. Wir brauchten zu seiner Entlastung also am besten eine weitere Verantwortungsebene. Mein Geschäftsführer dachte daran, unsere Standorte geografischen Gebieten zuzuordnen und jeder dieser Regionen dann einen Leiter voranzustellen. Doch damit standen wir vor einem Dilemma. Bislang waren die Leiter der jeweiligen Einheiten gleichgestellt und berichteten direkt an die Geschäftsführung. Würden wir drei von ihnen zu Regionalmanagern ernennen, um eine weitere Ebene einzuziehen, öffnete dies der Unzufriedenheit Tür und Tor: Die Leiter hätten plötzlich jemanden »über sich«, der eben noch in ihrer eigenen Reihe stand. Was tun, um das Ziel einer **gemeinsam getragenen Lösung** zu erreichen?

Wir baten die Standortleiter zu einem Meeting nach Karlsruhe. Dort stellten wir das Problem vor und fragten, wie sie selbst es lösen würden. Dabei skizzierten wir die Möglichkeit eines weiteren Geschäftsführers oder einer neuen Ebene. Dann bildeten die Teilnehmer drei Gruppen, die jeweils eigenständig ihre Lösung finden sollten. Dabei ließen wir ihnen völlig freie Hand.

Das Ergebnis der drei Gruppen war erstaunlich! Jedes Team präsentierte und alle hatten die *gleiche* Lösung: eine neue Führungsebene und deren interne Besetzung. Sie benannten dafür namentlich Kollegen, und zwar jene, an die wir durchaus auch schon gedacht, die Namen jedoch nicht ausgesprochen hatten. Wir zogen uns zu zweit zur Beratung zurück und verkündeten danach, dass wir die vorgeschlagene Lösung umsetzen würden. Es wurden zwei Effekte gleichzeitig erreicht: Unser Deutschland-Geschäftsführer wurde durch eine neue Führungsebene spürbar entlastet. Und die betreffenden Mitarbeiter waren die Urheber der Idee und konnten den neuen Weg zu 100 Prozent akzeptieren.

In diesem Fall wurde das berühmte Peter-Prinzip des kanadischen Psychologen Laurence J. Peter also umgedreht: Nicht die Vorgesetzten **befördern** einen Mitarbeiter so lange, bis dieser seine Leistungsgrenze erreicht und an den neuen Aufgaben scheitert. Sondern die Mitarbeiter **berufen** jemanden aus ihrem Kreis, weil sie aus eigener Erfahrung wissen, dass derjenige die beste Wahl für einen vorgesetzten Posten ist. Eine bessere Akzeptanz kann man nicht erreichen, als die Ideen der Mitarbeiter umzusetzen!

SHARE (2): TEILEN KOSTET

Für meine Kollegen und mich waren viele dieser tief greifenden Veränderungen und Anpassungen damit verbunden, loszulassen, der wachstumsfördernden Notwendigkeit entsprechend also Verantwortung abzugeben und Aufgaben zu delegieren. Nicht jedem ist das leichtgefallen, auch mir nicht immer. Aber ohne **Delegieren ist Wachstum** eben nicht zu haben.

Auch in anderer Hinsicht war ein Erkenntnissprung wichtig für uns: Verantwortung zu teilen, obwohl neue Mitarbeiter zunächst

Mehrkosten verursachen und das Betriebsergebnis schmälern. Wie eine Investition mit baldigem Return on Investment. Der einzige Weg, die wachsende Organisation gesund zu halten, ist, mitdenkende Top-Performer aus dem Unternehmen zu entwickeln oder neu einzustellen und ihnen Aufgabenbereiche zu übertragen.

CARE (2): RÜCKENDECKUNG GEBEN

»Wer seiner Führungsrolle gerecht werden will, muss genug **Vernunft** besitzen, um die Aufgaben den richtigen Leuten zu übertragen – und genügend **Selbstdisziplin**, um ihnen nicht ins Handwerk zu pfuschen.« Diese Worte des ehemaligen US-Präsidenten Theodore Roosevelt umschreiben treffend, was ich mit Delegieren nach dem Share-&-Care-Prinzip meine. Wie jeder Organismus kann auch ein Unternehmen nur wachsen, wenn sich seine Zellen teilen können. Kontinuierlich, damit kein Stillstand eintritt, und planvoll, damit keine unkontrollierten Wucherungen entstehen.

Sinnvoll zu delegieren ist also ein eigener, strukturierter Prozess, mit dem die Arbeit im Unternehmen auf immer mehr Schultern verteilt wird. Neuen Verantwortungsträgern motivierende Aufgaben zu übertragen, pusht das Unternehmenswachstum ungemein! Als neue Führungskräfte sollen sie auch **eigene Erfahrungen** sammeln (share). Und wir pfuschen ihnen, ganz im Roosevelt'schen Sinne, nicht ins Handwerk. Aber wir tragen Sorge dafür, dass dieser Prozess in geordneten Bahnen verläuft (Care).

In der Praxis funktioniert das so, dass die Führungskraft die neue Führungsrolle ihres Mitarbeiters unterstützt und respektvoll begleitet. Dabei erwarte ich von der Führungskraft, dass sie nicht nur darauf schaut, wie *sich* der neue Mitarbeiter entwickelt, sondern auch, wie *die Führungskraft ihn* entwickelt. Sprich: Ob dieser Mitarbeiter alles bekommt, was er für die Erzielung guter Ergebnisse braucht – von der Einarbeitung über die Schulung und die Arbeitsmittel bis zum Wissen, welchem Ziel seine Arbeit dient.

Delegieren gelingt nur mit dieser Rückversicherung und Rückendeckung. Wer Arbeit und Verantwortung einfach bei den Mitarbeitern ablädt, ohne sich weiter darum zu kümmern, braucht sich über Misserfolge nicht zu wundern.

PRAXISTIPP

Führungskräfte scheuen vor der Übertragung von Aufgaben und Verantwortlichkeiten oft zurück, weil sie befürchten, dass das dann gelieferte Ergebnis hinter ihren **Erwartungen** zurückbleibt. Damit ist durchaus auch zu rechnen, nämlich dann, wenn der Beauftragte nicht genau weiß, was von ihm erwartet wird. Wenn nicht präzise vereinbart ist, was bis wann zu erreichen ist, die Resultate nicht messbar formuliert und somit auch nicht konkret zu kontrollieren sind. Dagegen hilft eine sehr wirksame Methode, die ich beim Managementtrainer Boris Grundl kennengelernt habe: die **ergebnisorientierte Aufgabenbeschreibung**, kurz **EOA**. Im Kern geht es darum, eine Tätigkeit zu übertragen, indem die Inhalte, die zeitlichen Vorgaben und die gewünschten Resultate unmissverständlich formuliert werden.

→

→ Die EOA ist eine schriftliche Vereinbarung zwischen dem Vorgesetzten als »Auftraggeber« und dem Mitarbeiter als »Auftragnehmer«. Dabei werden die jeweiligen Aufgaben durch die Formulierung »Ich sorge dafür, dass ...« festgelegt. Zum Beispiel: »Ich sorge dafür, dass der Geschäftsleitung alle Verkaufszahlen des Vormonats an jedem dritten Arbeitstag im Monat stimmig und grafisch aufbereitet vorliegen.«

Damit ist die Verantwortlichkeit eindeutig beschrieben, nicht aber, auf welchem Weg die Resultate erzielt werden. Das bleibt dem Beauftragten überlassen und macht ihn zum Mitdenker und Mitgestalter. Die EOA ermöglicht eine glasklare Kommunikation und stellt sicher, dass kontrollierende Abfragen objektiv durchgeführt werden können. Und weil bereits bei der Übernahme der Aufgabe geklärt ist, mit welchen Ergebnissen in welcher Güte wann gerechnet werden kann, ist die Erfolgswahrscheinlichkeit hoch. Die EOA stärkt außerdem das gegenseitige Vertrauen und vergrößert die Bereitschaft, Verantwortung abzugeben und zu übernehmen.

SHARE (3): MOTIVIERT FÜR NEUPROJEKTE

Wenn Mitarbeiter Verantwortung übertragen bekommen, wertet dies ihre Leistung auf und kann bei ihnen enorme Potenziale freisetzen. Häufig liegen ungehobene Schätze im Unternehmen. Es sind verbor-

gene Leistungen oder Optimierungspotenziale, in denen Schubkraft
für das Unternehmenswachstum steckt. Wer als Führungskraft engagierten Mitarbeitern die Möglichkeit gibt, in diesen interessanten
und anspruchsvollen Nischen zu agieren und dort für Ergebnisse zu
sorgen, stärkt seine Mitarbeiter und das Unternehmen.

Ob Projekte wie Automatisierung, Digitalisierung oder Employer
Branding – sie alle finden ihre Meister in engagierten Mitarbeitern,
die an solchen Aufgaben mitwachsen und damit zusätzlich dem Unternehmen dienen. Unser Bereich Verpackungsentwicklung als Beispiel.
Wir haben diese Leistung, die lange von Sachbearbeitern nebenbei
durchgeführt wurde, aus ihrem Schattendasein herausgeholt. Eine
engagierte junge Mitarbeiterin machte daraus eine Abteilung – mit
mehr Personal, besserer IT und neuer Technik. Und sie sorgte dafür,
dass die Leistungen sichtbar gemacht und aktiv angeboten werden.
Mittlerweile kommt diese Kompetenz bei den Kunden so gut an, dass
sie über nächste Schritte wie Konfiguration im Netz und Verpackungs-
design nachdenkt.

In diesem Sinn hat das Share-&-Care-Prinzip einen doppelten
Effekt: Die Zellteilung im Unternehmen zu fördern beugt der Über-
hitzung von Unternehmensabläufen vor und setzt fast immer auch
Wachstumspotenziale frei.

(5)

Das Zielscheiben-Prinzip

Klare Sicht zum Ziel

Um einen sinnhaften Prozess zu etablieren, bedarf es einer klaren Zielsetzung. Beispiel Bogenschießen: Die Art, wie ich den Bogen auflege, richte ich am gewünschten Ergebnis aus. Es geht darum, ins Schwarze zu treffen, in die Mitte der Zielscheibe. Und möglichst viele Pfeile nah beieinander. Wenig Streuung also! Egal, ob ich schon ein erfahrener Schütze bin oder noch Anfänger: Die Zielsetzung ist die gleiche. Darauf lässt sich ein Prozess aufsetzen, der – bei guter Umsetzung – die Treffer ermöglicht.

Auch im Unternehmen braucht es Zielklarheit, um Entscheidungen für einen Weg oder Prozess zu treffen. Klingt einfach. Doch wir wissen, dass im Unternehmensalltag »einfach« nicht immer »einfach« ist. Beispiel: An einem neuen Standort möchte die Vertriebsführungskraft verstärkt neue Kunden gewinnen. Eine zweite Führungskraft am selben Standort ist aber der Meinung, es fehle an Mitarbeitern und Maschinen. Ein dritter Kollege gibt zu bedenken: »Lasst uns doch erst mal die schon vorhandenen Prozesse analysieren und optimieren, bevor wir Neues initiieren!«

Wer hat recht? Und was passiert? Mit hoher Wahrscheinlichkeit nichts.

Der Vertriebskollege kann die Neukundengewinnung nicht so vorantreiben, wie er es gerne gewollt hätte. Der zweite bereitet sich innerlich darauf vor, Dinge, die kommen könnten, abzublocken. Und der dritte stoppt seine bisherigen Prozessanalysen, weil er denkt: »Vielleicht werden schon morgen neue Prozesse eingeführt – dann ist meine ganze Arbeit umsonst.«

FEHLENDE SICHT –
FEHLENDE ERGEBNISSE

In solchen Fällen Entscheidungen treffen zu müssen, ist wie Skifahren im Nebel: Die Orientierung ist stark beeinträchtigt, die Piste verschwimmt vor unseren Augen. Wir sehen nicht mehr, wo es langgeht, und laufen Gefahr, uns zu verfahren oder sogar gefährlich zu stürzen. So bleiben wir stehen, schauen uns um – und wissen nicht weiter.

Auch im Unternehmen kann **fehlende Orientierung** folgenschwere Wirkung erzeugen wie Missverständnisse, Konflikte bis hin zur inneren Kündigung von Mitarbeitern. Nichts geht dann mehr voran – schon gar nicht mehr in Richtung Wachstum.

Wie gut, wenn dann aus dem Nebel die Pfosten mit Hinweisschildern auftauchen und wir erkennen: Puh, wir sind noch auf dem Weg! Und je mehr Pfosten auf der Piste gesteckt sind, umso sicherer kommen wir ans Ziel. Orientierung im Unternehmen bedeutet: Die Mitarbeiter wissen Bescheid über die Zielsetzungen und die angestrebten Entwicklungen.

Mittel- und langfristige Ziele sind unsere Leitpfosten. Wir brauchen sie, damit wir die Kräfte im Unternehmen bündeln, auf die Ziele ausrichten und sagen können: Es geht hier entlang, in eine ambitionierte, aber machbare, sprich gesunde Richtung. Ist also das Ziel »Unternehmenswachstum um zehn Prozent pro Jahr« ausgegeben, so wird der Vertriebsmann seine Kollegen überzeugen können, gemeinsam Kapazitäten für Neukunden zu schaffen und die Prozesse danach auszurichten. Es gilt das Zielscheiben-Prinzip.

Der bekannte US-amerikanische Unternehmenscoach Brian Tracy schildert in seinem Buch *Ziele* die Begegnung mit einer Gruppe erfolgreicher Unternehmer. Auf die Frage, weshalb sie es so weit gebracht hätten, erhält er die kluge Antwort: »Erfolg beruht auf Zielen. Alles andere kommt von allein.«[9] Das mag sehr verkürzt klingen, ist für mich in der Essenz aber völlig richtig: Ziele beschreiben einen wünschenswerten Zustand in der Zukunft. Sie liefern zugleich Entscheidungsvorlagen für aktuelle und künftige Vorhaben. Und geben uns gleichermaßen eine Steilvorlage für die zur Umsetzung nötigen Prozesse.

KRAFT DER ZIELE

Der Dreiklang »Vision – Mission – Werte« bildet die Grundpfeiler in einem Unternehmen ab. Hieran basteln Unternehmer erst einmal ausführlich. Und das ist durchaus gut! Die **Werte** (siehe Station Mitarbeiter, S. 110) geben die Handlungsgrundlage *(wie)*, die **Mission** beschreibt den Nutzen, die Motivation (neudeutsch das *corporate purpose*) des Unternehmens und dessen Daseinsberechtigung (*was* und *warum*), und die **Vision** zeichnet das Bild der für das Unternehmen wünschenswerten Zukunft *(wohin)*.

Vor Kurzem wohnte ich einer Präsentation zu diesen drei großen Themen bei, in der ein junges erfolgreiches Unternehmen seinen Mitarbeitern ausgefeilte Begriffe und gut formulierte Sätze dazu an die Wand projizierte. Doch was genau ist es, das diesen eher abgehobenen Aussagen die Power verleiht? Wie werden die im Motor der Vision und Mission aufgezeigten PS nun auf die Straße gebracht? Hier kommen die **Ziele** ins Spiel!

9   Brian Tracy: *Ziele. Setzen – Verfolgen – Erreichen.* Frankfurt am Main, New York 2018.

Man spricht bei einer Vision gerne von Martin Luther Kings Botschaft »I have a dream«. Hoch emotionale Worte, die einen gesellschaftspolitischen Wunsch für die Zukunft ausdrückten, der auch nicht zeitlich fixiert werden konnte. Für ein **Unternehmen** bevorzuge ich hingegen »I have an idea«, denn darin liegt schon ein wenig mehr Skizze, Plan, Intention. Ja, **Zielsetzung**! Und ich befürworte ein zeitliches Limit von fünf Jahren, in denen diese Vision mit dem dahinterstehenden Team auch erreicht werden kann (siehe Station Führung, S. 291).

MEILENSTEINE AUF DEM WEG

Wir haben die Zielfindung selbst als **klar strukturierten Prozess** im Unternehmensalltag verankert: Wenn das Zukunftsbild (Vision) steht, formulieren wir daraus **große Ziele**, die wir in den nächsten fünf Jahren erreichen wollen. Dann fokussieren wir uns auf die Themen, die einen Beitrag zur Erreichung unserer langfristigen Ziele leisten. Diese heißen bei uns **Fokusthemen**. Dann fragen wir uns, welche Jahresziele und Maßnahmen zu diesen Themen aufzusetzen sind, um den langfristigen Plan zu verfolgen. Diese nennen wir **Fokusziele**.

Unsere Zwölf Schritte zur Zielerreichung als Anleitung:
1. Formulieren Sie alle fünf Jahre **übergeordnete Ziele**, die zur Erreichung der Vision der Firma führen. *Beispiel: »Wir werden als Technologieführer der erste Betrieb unserer Branche sein, der einen Roboter (Cobot) an der Produktionslinie einsetzt.«*

2. Erarbeiten Sie jedes Jahr drei bis fünf **Fokusthemen** die zu den übergeordneten Zielen passen – wie zum Beispiel *Automatisierung.*

3. Bilden Sie zu jedem dieser Themen eine sogenannte **Fokusgruppe** und bestimmen einen Projektleiter. Er koordiniert die vier bis sechs Mitarbeiter, die in diesem Bereich kompetent sind. Hierarchien sind zweitrangig.

4. Informieren Sie die **Projektleiter** über Ihre Erwartungen und sorgen Sie dafür, dass ihre Gruppen beim Kick-off-Meeting vorbereitet sind.

5. Lassen Sie dort jede Fokusgruppe ein bis drei konkrete und messbare **Fokusziele** für das Jahr formulieren.

6. Aus den Zielen aller Gruppen wählt ein Gremium unter Berücksichtigung der zur Erreichung nötigen **Ressourcen** diejenigen Ziele aus, die umgesetzt werden sollen.

7. Bitten Sie die jeweiligen Gruppen nun um genaue **Zielformulierung** der ausgewählten Ziele. Etwa: *»Wir sorgen dafür, dass bis zum 30. 6. eine Skizze, ein Zeitplan und das Budget für einen Cobot vorliegen.«* Die Formulierung »Wir sorgen dafür ...« sollte nicht fehlen. Ein Satz, der so beginnt, kann gar nicht anders, als in der Folge zu einem verbindlichen Ziel zu werden!

8. Bitten Sie die Gruppe, die konkreten **Maßnahmen** dazu aufzulisten, inklusive »Kümmerer«, Termine und Budget. Alles auf einer DIN-A4-Seite, der »Zielvereinbarung«.

9. Lassen Sie diese **Zielvereinbarung** von allen Mitgliedern der Gruppe **unterzeichnen**. Das schafft Identifikation und wirkt wie ein Vertrag. Lassen Sie sich von der Gruppe diese Zielver-

einbarung am Ende des Meetings feierlich (Gruppenfoto, Applaus) übergeben. (⬈ siehe Abb. 12 – *Zielvereinbarung*)

10. Machen Sie der Gruppe deutlich, dass die Unternehmensleitung ihre Ziele und Maßnahmen **unterstützt**.

11. Überprüfen Sie den Stand der von den Gruppen gesetzten messbaren **Zwischenziele** und lassen Sie den Projektleiter dies zwischendurch präsentieren.

12. Werden die Ziele erreicht (womit zu rechnen ist!), **danken** Sie dem Team als Mitgestalter der Unternehmenszukunft. Zum Beispiel mit einer Urkunde, Sonderurlaub und einem gut gefüllten Präsentkorb.

Die 3M-Taktik

Lange Zeit regierte die »SMART«-Technik. Ziele sollen **s**pezifisch, **m**essbar, **a**ttraktiv, **r**ealistisch und **t**erminiert sein. Sie ist heute nicht »out«, aber es geht fokussierter: mmm heißt die neue Formel.

Machbar, **m**essbar und – nun kommt die relevante Veränderung – **m**otivierend sollen Ziele sein. Ich mag diese neuere Kurzform, denn sie bringt die drei wichtigsten Elemente, den eigentlichen Sinn von Zielen, auf den Punkt. Erstens machbar, zwar ambitioniert, aber realistisch. Zweitens messbar, also jederzeit überprüfbar, wie weit der Ist-Zustand noch vom Soll-Zustand entfernt ist. Und drittens motivie-

→

→ rend, nicht überfordernd. Ziele, die Lust machen und Erfolg versprechen.

Diese Formel ist mir zwar erst seit zwei, drei Jahren geläufig. Aber rückwirkend erkenne ich, dass wir schon im Jahr 2006/07 bei den Zielen aus unserer »Vision 2011« (⬏ siehe Abb. 13 – *Vision 2011*) mit dem griffigen Bild »**5-4-3-2-1**« die drei M beachtet haben. Dieser »Countdown« benannte fünf Zielsetzungen: Wir wollten bis 2011 mindestens **5** neue Topkunden gewinnen (Kriterium: Jahresumsatz pro Kunde), **4** neue Standorte eröffnen (Kriterium: Anzahl Mitarbeiter und Umsatz je Standort), **3** Geschäftsführer ernennen (bislang gab es erst einen), den Umsatz im Vergleich zum Ausgangsjahr ver**zwei**fachen und im Ansehen unserer Kunden deren Nummer-**1**-Dienstleister sein (Ermittlung durch Kundenbefragung). Ja, unsere Ziele waren machbar (denn sie wurden erreicht!), messbar (siehe Kriterien in den Klammern) und so motivierend, dass sie zum Teil sogar übertroffen wurden.

ZIELLOS IST KEINE ALTERNATIVE

Obwohl heute oft behauptet wird, die Zukunft eines Unternehmens sei angesichts eines dynamischen und komplexen Umfelds kaum planbar, bin ich vom Gegenteil überzeugt. Ich kann und muss als Unternehmer und Führungskraft dafür sorgen, dass die künftige Entwicklung des Geschäfts nicht dem Zufall überlassen bleibt, sondern dass die Mitarbeiter dank **klarer Zielorientierung** wissen, wohin die Reise gehen soll. Und sie die Prozesse so gestalten, dass sie es ihnen ermöglichen, die Reise in allen Etappen erfolgreich erleben!

Kennen Sie die Geschichte der Amerikanerin Florence May Chadwick? Sie durchschwamm 1950 und 1951 als erste Frau den Ärmelkanal in beide Richtungen. Und startete 1952 von einem kalifornischen Küstenstreifen aus zu einer 34 Kilometer entfernt liegenden Insel im Pazifik. Dichter Nebel umhüllte an diesem Tag ihr Ziel und sie brach den Versuch nach einigen Stunden im Wasser ab. Wie weit sie gekommen war? Sie war nur noch eine halbe Meile von der Insel entfernt. Ihr fehlte aber die Kraft der Orientierung. Sie konnte ihr Ziel nicht **sehen**.

Meine Überzeugung, dass unseren Mitarbeitern auf dem Weg die Puste nicht ausgehen wird, baut auf zurückliegenden Erfahrungen auf. Wann immer wir uns Ziele gesetzt und sie konsequent verfolgt haben, sind wir auch dort angekommen. Weil alle die Ziele kannten und sie sich bildhaft vorstellen konnten. Weil alle hinter diesen Zielen standen. Und weil alle Kräfte des Unternehmens wie ein Magnet in die gewünschte Richtung zogen.

Was wäre wohl passiert, wenn wir uns keine Ziele gesetzt hätten? Gut möglich, dass wir auch dann gute Ergebnisse erreicht hätten. Aber eben nur irgendwelche Ergebnisse und nicht die, die wir uns vorgenommen haben. Und hätten wir dann am Ende auch dieses großartige **Gefühl der Zufriedenheit** gehabt, dass wir unsere selbst gesteckten Ziele aus eigenem Antrieb erreicht haben?

Schlussrunde

Ihre Gewinnerprinzipien für die Station
»Prozesse«

Gekonntes Wachstum gelingt, wenn

... Prozesse nachvollziehbar dokumentiert und offen
für Veränderungen sind.

... für Überblick und Klarheit im Unternehmen gesorgt ist –
im Kleinen wie im Großen.

... Kommunikation gefördert und gelenkt wird.

... verantwortungsvolles Delegieren den Ausbau des
Unternehmens zulässt.

... der Kurs des Unternehmens auf Zielen basiert.

FINANZEN

Jedes Unternehmen hat einen Lotsen – die Finanzen

Zahlen im Griff haben, Risiken minimieren

Nur, wer finanziell auf festem Boden steht, kann lange bestehen. Denn was nützen die besten Kunden, die engagiertesten Mitarbeiter, die gefragtesten Produkte und die cleversten Prozesse, wenn die Finanzen nicht stimmen? Während ich an diesem Buch schreibe, erlebe ich dies hautnah. Ein bekanntes Unternehmen aus unserer Branche mit 30-jähriger Expertise und bester technischer Ausstattung, guten Mitarbeitern und großem Kundenstamm hat gerade Insolvenz angemeldet. Und plötzlich ist von einem Monat auf den nächsten alles anders, weil Geld fehlt und nicht gesund gewirtschaftet wurde.

So wie in der Natur gilt auch in der Wirtschaft: »survival of the fittest«. Zum Überleben – oder besser zum gesunden Wachstum – sollte man genau drei Punkte im Blick behalten:

- **Erhalt der Zahlungsfähigkeit** (genug Liquidität für alle fälligen Rechnungen).
- **Vermeidung von Überschuldung** (Eigenkapital muss höher sein als Verbindlichkeiten, das sichert den Fortbestand).
- **Steigerung des Unternehmenswertes** (EBIT erzielen und thesaurieren. Zeigt Kunden, Lieferanten, Banken gegenüber Stärke und Existenzfähigkeit. Auch relevant für eine Beteiligungsausgabe, Joint Venture oder Verkauf).

Wir haben es selbst in der Hand. Wir können einen positiven Kreislauf in Gang setzen. (↗ siehe Abb. 14 – *Wertkreislauf*) Grundlage ist **Rentabilität**, also die Überschüsse aus dem positiven unternehmerischen Handeln, von denen wir für gute Mitarbeiter, Technik und Prozesse, für Werbung und Wachstum reinvestieren können. Wer profitabel wächst, steigert damit seinen Unternehmenswert, hat größere **Sicherheiten**. Und wer Sicherheiten bietet, kann Kapital anziehen (Banken geben gern sichere Darlehen, Finanzinvestoren haben gern gute Renditen). Wer mehr Kapital hat, kann dies für **Investitionen** einsetzen – und wer investiert, schafft damit **Wachstum**. Kurz: Schaffe Rendite, minimiere Risiken und wachse.

An dieser Station möchte ich erkären,

- wie Kennzahlen Ihre Mitarbeiter anspornen,
- weshalb sich der Mehraufwand für die Ermittlung des richtigen Preises lohnt,
- warum ich nichts von jährlichen Investitionsbudgets halte,
- welche Haltung auch eine Betriebsprüfung sympathisch macht,
- warum sechs Augen die beste Absicherung gegen Risiken sind.

Also: »Ohne Moos nichts los!« Die fünf folgenden Prinzipien dieser wichtigen Station sollen Ihnen beim herausfordernden Umgang mit Zahlen in ihrer ganzen Vielfalt sicheres Geleit geben.

Das Cockpit-Prinzip

Kennzahlen sind besser als ihr Ruf

Für viele mögen die Herstellung und der Vertrieb von Produkten sehr viel attraktiver sein als deren Administration. Für mich sind Finanzen mittlerweile so spannend wie ein gutes Fußballspiel samt Ergebnis, abgebildet in der Liga-Tabelle: Zahlen zeigen die Performance der unterschiedlichen Bereiche oder Standorte im Unternehmen auf, verdeutlichen den Vorsprung vor der anderen Unit oder zu den selbst gesetzten Budgetzahlen. Attraktiv dargestellt, farbig und in Grafiken geben Zahlen knackige Aussagen. (↗ siehe Abb. 15 – *Regionen-Cockpit*)

Finanzkennziffern zeigen den Vergleich zum Vormonat und Vorjahr auf. Werden wir besser oder schlechter? Und welche Erträge oder Kosten haben sich verändert, woran liegt das bessere oder schlechtere Abschneiden? Was können wir beibehalten und was müssen wir verändern?

Ja, es gehört eine gehörige Portion Genauigkeit und Disziplin dazu, die Finanzlage eines Unternehmens im Griff zu haben. Aber es ist keineswegs eine trockene Angelegenheit! Raten Sie mal, an welchem Tisch es bei unserer Weihnachtsfeier am fröhlichsten zugeht. Nein, nicht bei den Vertrieblern oder den Marketingmitarbeitern, sondern bei unseren Mitarbeiterinnen der Finanzbuchhaltung! Sie sind das Gegenteil von humorlosen, nüchternen »Bremsern«, die man in der Zahlenwelt vermuten würde. Das Negativimage haben die Finanzmitarbeiter keineswegs verdient. Sie sind alle wach, hochkompetent und kommunikativ.

UNTERNEHMERISCHE FINANZBUCHHALTUNG

Jeder unserer FiBu-Mitarbeiter ist für eine bis drei Firmen aus unserer Gruppe zuständig, für die sie monatlich die Betriebswirtschaftliche Auswertung (BWA) erstellen. Wenn ihnen dabei auffällt, dass Kosten vergleichsweise hoch oder Erträge niedrig sind, rufen sie direkt in den Standorten an und fragen nach: Wurde eine Rechnung vergessen? Warum ist der Umsatz mit dem Kunden X diesen Monat so niedrig? Und bei guten Ergebnissen freuen sich die zuständigen Buchhalterinnen mit und sind stolz auf »ihre« Firma, auch wenn sie nicht in der ersten operativen Reihe stehen. Sie haben einen Blick für das Unternehmen und verstehen, was hinter den Zahlen steht. Auch weil sie unsere Standorte besucht und dort die Menschen, Maschinen, Materialien und Abläufe kennengelernt haben.

Sie gehen ihrer Arbeit mit Leidenschaft nach, die Zahlen sind für sie weniger kalte Statistik als vielmehr ein lebendiger Seismograf der Geschäftsentwicklung, der wertvolle Informationen liefert. Und genau das ist auch für mich der Sinn von Auswertungen und Kennzahlen. Sie geben Führungskräften **Überblick** und **Einblick**, wo das Unternehmen steht. Sie helfen, Erfolge sowie Fehlentwicklungen rechtzeitig zu erkennen, und geben Hinweise darauf, wo und mit welchen Maßnahmen zu reagieren ist. Insofern betrachte ich den monatlichen Abschluss und die daraus abgeleiteten Übersichtstabellen als ganz praxisnahe Führungsinstrumente.

Dazu ein Beispiel: Als wir den Abweichungen der Kosten für Verwaltung einer Unit auf den Grund gingen, zeigte sich, dass an diesem Standort extrem viele Farbausdrucke für Kundenaufträge angefertigt wurden. Der darauf nicht ausgelegte Bürodrucker verbrauchte den teureren Toner – daher die höheren Kosten. Also schafften wir einen neuen Drucker mit günstigeren Patronen an und reduzierten fortan die Bürokosten.

ÜBERSCHAUBAR UND EINHEITLICH

Nahezu alle operativen und strategischen Entscheidungen wirken sich auf die Finanzen aus. Geschäftszahlen geben dann eine gute Orientierung: Sie bilden die Realität in aller Kürze ab, sind logisch und schaffen eine solide Grundlage für Entscheidungen.

Ich habe mir dafür mein Cockpit eingerichtet, von dem aus ich auf zwei Dinge achte. Erstens: Ich brauche ein optisch klares und in der Menge der Informationen **überschaubares** Zahlenwerk. Jede mir vorgelegte BWA und jede daraus erstellte tabellarische oder grafische Auswertung passt (Sie ahnen es bereits) auf ein DIN-A4-Blatt. Nachdem ich dort die wichtigsten Entwicklungen auf einen Blick erkennen kann, habe ich die Möglichkeit, zu speziellen Kosten oder Standorten auf weiteren Listen ins Detail einzusteigen. Zweitens: Weil mitunter wichtige Entscheidungen von diesen Zahlen abhängen, muss ich mich zu 100 Prozent auf sie verlassen können. **Stimmige Zahlen** bedeuten, dass alle Posten überall im Unternehmen **einheitlich** gebucht werden. Bei der BWA muss strikte Ordnung herrschen, damit Fehlschlüsse von vornherein ausgeschlossen sind.

Ich habe schon erlebt, dass bei einem Wechsel in der Finanzbuchhaltung die neue Mitarbeiterin aus Gewohnheit anders kontiert hat als bei uns üblich. Dass zum Beispiel bestimmte Rechnungen unter einer anderen Kostenart gebucht wurden. Dann hatte ich plötzlich im Vergleich zum Vorjahr abweichende Werte – nicht weil operativ etwas anders gemacht wurde, sondern weil Konten anders bebucht wurden als üblich. Hier ist Vorsicht geboten! Wenn wir Kritik gegenüber Verantwortlichen üben, das Entlassen von Mitarbeitern (zu hohe Personalkosten) oder gar die Schließung eines Standortes (kein Ertrag) überdenken, dann muss die Zahlenbasis verlässlich sein.

Denn das ist auch die Aufgabe der Finanzabteilung und des Controllings: Sie unterstützen die Führungskräfte dabei, Entscheidungen zu treffen und Ziele zu erreichen. Als Meister der Kennzahlen sind sie für gekonntes Unternehmenswachstum deshalb unverzichtbar. Dafür ist gute **Ordnung** zwingend nötig. Das Zahlenwerk muss im ganzen Unternehmen nach identischen Kriterien sortiert sein, damit wir nicht Äpfel mit Birnen vergleichen.

Bei uns ist daher die Finanzbuchhaltung ein streng regulierter Bereich. Eine abweichende Zuordnung einzelner Buchungen darf selbst von Führungskräften aus dem Unternehmen nicht angewiesen werden. Es gibt die klare Direktive an die Buchhaltung: Wünsche, Ideen, Bitten zur Änderung der vorgegebenen Buchungsweise in der BWA können gerne begründet bei den Finanzbuchhalterinnen angebracht werden. Sie reagieren aber nur darauf, wenn sie eine Zustimmung – in diesem Fall von mir – erhalten. Tatsächlich ist dies eine Aufgabe, die ich bislang noch nicht delegieren wollte.

Peinliche Präsentation

Als ich 1996 in die Firma eingetreten bin, übernahm ich alsbald die monatliche Präsentation der Ergebnisse im Geschäftsleitungsmeeting. Ich stellte den Verantwortlichen ihre Zahlen vor und erklärte meine Schlüsse, die ich daraus zog. Einmal allerdings stießen meine kritischen Anmerkungen zu den Zahlen auf völliges Unverständnis. Da hieß es: »Das kann nicht stimmen! So hohe Personalkosten, das muss ein Buchungsfehler sein!« Toll, jetzt stand ich da wie ein begossener Pudel – denn zu allem Ärger stellte sich heraus, dass tatsächlich Belege statt in die Verwaltungs- in die Personalkosten gebucht worden waren. Die BWA und somit meine Schlussfolgerungen waren schlicht falsch. Leidvolle Anfänge lehrten mich: Ich muss mich 100-prozentig auf die BWA verlassen können. Unsere Finanzbuchhaltung weiß das. Ich erwarte die unverrückbare Korrektheit der monatlichen Auswertung wie die in Stein gemeißelten zehn Gebote – daran wird nicht gerüttelt!

ZEITLÄUFE ZEIGEN ENTWICKLUNG UND WACHSTUM

Aus der BWA, die jeweils die Umsätze, alle Kosten und das Betriebsergebnis des letzten Monats sowie das kumulierte Ergebnis aller zurückliegenden Monate im Jahr aufzeigt, erstellen wir weitere aussagekräftige, individuell gestaltete Tabellen. Eine solche ist die **Zeitreihe** mit den wichtigsten Kennzahlen zur Betrachtung der Geschäftsentwicklung in jedem Monat seit Jahresbeginn und im Vergleich zum letzten Jahr sowie zum Budget.

Geht die Entwicklung eher nach oben oder nach unten? Ist ihr Verlauf schwankend oder gleichbleibend? Solche Zeitreihen erlauben per se noch keine abschließenden Handlungsempfehlungen, sind aber Grundlage der Diskussionen mit den verantwortlichen Führungskräften: über die Qualität unserer Dienstleistungen oder neue Anforderungen unserer Kunden. Über unsere internen Prozesse, unsere Mitarbeiterstruktur oder unsere Preispolitik. Zu diesen Punkten werden dann Maßnahmen formuliert, sei es, um negativen Entwicklungen gegenzusteuern oder positiven Tendenzen mehr Schubkraft zu verleihen.

Während ich in den Anfangsjahren der Auffassung war, **Unternehmenszahlen** seien nur der Geschäftsleitung vorbehalten, halte ich heute sehr viel davon, das Zahlenwerk mit den jeweils verantwortlichen Mitarbeitern zu **teilen**. Bei uns sehen operative Führungskräfte monatlich die Zahlen, die sie verantworten und beeinflussen können. Und sie werden in die Budgeterstellung für das Folgejahr eingebunden und daran auch gemessen.

VERGLEICHE SPORNEN AN

Spannend wird die Arbeit mit Kennzahlen, wenn sie in Form von **Rankings** miteinander in Bezug gebracht werden. Wie sehen die Ergebnisse der verschiedenen Unternehmensstandorte nebeneinander aus? Wie hoch ist die Effizienz der Filiale A gegenüber der von Filiale

B, C und D? Es lohnt sich in jedem Fall, sich die Zeit zu nehmen, die zu seinem Unternehmen passenden Tabellen zu entwickeln und diese monatlich fortzuführen. Excel eignet sich unter anderem aufgrund der farblichen Hervorhebung und freien Aufteilung dafür hervorragend.

Solche Benchmarks sind für alle Beteiligten ein starker Ansporn, sich ins Zeug zu legen. Nicht weil sie dazu gedrängt werden, sondern weil sie Freude an dieser Art des sportlichen Wettstreites haben. Dazu müssen Zahlen natürlich auch bekannt gemacht werden! So vergleichen wir zum Beispiel regelmäßig die Ergebnisse, die unsere Regionalmanager in ihren Regionen erzielt haben. Sie brennen darauf, zu wissen, welchen Platz sie in dieser »Liga-Liste« erreicht haben.

Dabei geht es um mehr als die Frage, *ob* ihre **Ergebnisse** besser oder schlechter geworden sind. Denn Leistungsrankings führen automatisch auch zur Suche nach dem *Warum*, der **Ursache** für das eigene Abschneiden. Und zu der Frage, was etwa die anderen anders oder besser machen – ähnlich wie im Sport, wo jeder nach Bestwerten strebt und sich mit den anderen misst. In diesem Sinn motiviert der Wettkampf durch Benchmarking die Mitarbeiter und sorgt unternehmensweit für kontinuierliche Verbesserung.

Die Welt der Zahlen hat also mehr zu bieten, als es auf den ersten Blick scheinen mag. Und richtig viel Power strahlt das Reporting aus, wenn es in Form von bunten Charts und Grafiken verbreitet wird. Ich finde, Kennzahlen sollen nicht nur »sprechend« sein, das heißt wichtige Informationen vermitteln. Sie sollen auch **ansprechend** und attraktiv sein und verständlich präsentiert werden, damit Mitarbeiter, Führungskräfte und externe Geschäftspartner ihre Aussagen mühe-

los verstehen können und sich gerne damit beschäftigen. Dann fällt
es auch leicht, den ureigenen Sinn des Rechnungswesens zu verstehen:
Es liefert anschauliche und verständliche Informationen, die uns dabei helfen, wirtschaftlicher zu arbeiten und Entscheidungen infor-
mierter zu treffen.

LIQUIDITÄT

Um den Überblick über die Finanzen meines Unternehmens zu behalten, nehme ich mir Zeit für das monatliche Studium der genannten
Charts. Hier betrachte ich aber nur die zurückliegende Kosten- und Er-
lössituation auf Basis der gebuchten Belege. Umsätze sind in der BWA
schon enthalten, bei einem Zahlungsziel von angenommen 30 Tagen
sind sie dann aber noch nicht auf dem Konto eingegangen. Hingegen
sind Lohnkosten und Miete schon abgebucht. Auch eine höhere Investition, die in Gänze bezahlt wurde, steht in der BWA nur als an-
teiliger Abschreibungswert. Daher ist es unverzichtbar, die Liquidität
der Firma im Auge zu behalten. So darf ich den **Blick auf das Bank-
konto** nicht vernachlässigen: Wie entwickeln sich die Kontostände?
Ist sichergestellt, dass das Unternehmen jederzeit aus eigener Kraft
zahlungsfähig bleibt und Rücklagen bilden kann?

Ich erinnere mich noch genau an die Situation: An einem alten
Holztisch im Büro des Inhabers saßen wir beim zweiten Gespräch. Es
ging um den Verkauf seines Unternehmens, wir vereinbarten die
Einzelheiten der Due Diligence. Dann beugte er sich zu mir vor und
räusperte sich: »Können Sie vielleicht einen Teil des Kaufpreises
schon vorab überweisen – wir haben einen Zahlungsengpass.« Der
gute Herr hatte auf vieles geachtet – Qualitätszertifikate und sau-

bere Produktionsflächen waren ihm sehr wichtig. Aber die finanzielle Situation war nicht das Seine. Dass er bereits überschuldet war, erkannte er erst an der Drohung des Energieversorgers, ihm den Strom abzustellen.

Zahlungsunfähigkeit kann viele Gründe haben. Zu sehen sind sie kaum in der Bilanz oder der BWA, sondern auf dem Kontoauszug. Sollte ein Engpass entstehen, hat die Finanzbuchhaltung frühzeitig zu warnen. Wer mehrere Banken oder Konten hat, tut gut an einer Übersicht! Ich zum Beispiel studiere regelmäßig eine speziell angefertigte Tabelle mit der Auflistung der Konten und der Beträge am letzten Tag der Woche. Auf eine DIN-A4-Seite quer passt so die **Entwicklung der Kontenstände** über ein halbes Jahr. Eine Spalte ist für Bemerkungen vorgesehen. Außergewöhnliche Ausgaben oder Verschiebungen müssen hier festgehalten werden, das erspart einige Nachfragen.

Übrigens: Wir haben das Unternehmen nicht gekauft. Die Insolvenz war unabwendbar, seine Assets wurden weit unter Preis verkauft und es folgte ein Aderlass guter Mitarbeiter und vieler Kunden. Der langjährige Inhaber musste neben dieser Art der Enteignung auch hinnehmen, mit Teilen seines Privatvermögens zu haften. Ich hätte ihm gerne etwas früher geraten, ernsthaft auf sein Konto zu sehen und gegenzusteuern.

ERNTEN SIE RECHTZEITIG!

Denken Sie immer daran, für Ihre gute Leistung **zeitnah** Ihr Geld »einzufahren«. Gerne vernachlässigen junge oder kleine Firmen ihre Finanzen, weil sie ihre ganze Energie in die Auftragserfüllung stecken und vor lauter Bäumen den Wald nicht mehr sehen: den Lohn ihres Schaffens.

Handwerker, die ihr Gewerk sehr gut – von betriebswirtschaftlichen Rahmenbedingungen aber nur sehr wenig – verstehen, hat sicher jeder schon erlebt. Auch ich hatte beim Umbau unseres Privathauses solch eine Begegnung. Der Fliesenleger leistete hervorragende Arbeit und stellte auch Rechnungen. Über ein Jahr später meldete er sich telefonisch noch einmal bei mir, um mir eine seiner Auffassung nach noch ausstehende Abrechnung anzukündigen. Kaum mehr nachzuvollziehen waren Aufwand und Kosten. Meine Achtung vor diesem vermeintlich professionell geführten Handwerksbetrieb fiel in diesem Moment schlagartig. Obwohl der Architekt und auch ich erkannten, dass ein Teil der Bezahlung wirklich noch offen war, konnte ich nicht nachvollziehen, warum der Mann erst jetzt auf mich zukam. Seine Begründung: Er hätte einfach viel zu viel zu tun und wichtigere Aufgaben gehabt. Und jetzt bräuchte er dringend Geld.

Nur mit dem erhaltenen Gegenwert für eine Leistung – dem auf dem Konto eingegangenen Kundenumsatz – bleibt ein Unternehmen lebensfähig und kann ein Polster für seine Weiterentwicklung aufbauen. Kann modernisieren und investieren und bei Auftragsflauten trotzdem Mitarbeiter und Miete bezahlen. Das funktioniert, wenn ich ein waches Auge auf die Finanzen und die Liquidität habe, wenn ich damit sorgfältig umgehe und sie gut organisiere. Mein Tipp: Betrachten Sie es nicht als lästige Pflicht oder langweilige Verwaltung, sondern vielmehr als rechtzeitiges »Bestellen« Ihres Feldes.

Gerade in Wachstumsphasen ist es nötig, dem Kontostand große Aufmerksamkeit zu widmen. Wachsen bedeutet nämlich immer zuerst Ausgeben und dann Einnehmen. Ich kann nur wachsen, wenn ich für die Vorleistungen (Löhne und Gehälter, Mieten, Investitionen) auch die notwendige Liquidität habe. Es dauert, bis ich die Leistungen und Produkte verkauft habe und dafür das Geld auf meinem Konto eingegangen ist. Das muss eine **Liquiditätsplanung** berücksichtigen und aushalten können.

Unternehmen, die wachsen, überheben sich leider häufig am Thema Finanzen. Studien von Finanzinstituten ermittelten, dass die meisten Insolvenzfälle bei Unternehmen eintraten, die in den zwei Jahren zuvor ein großes Wachstum verzeichneten. Also heißt es, wachsam zu sein! Und guten Mutes! Erstellen Sie aus den Berichten der Finanzbuchhaltung, der Bank und des Steuerberaters Ihr individuelles Cockpit mit den wichtigsten Aussagen zu den drei Stützen, die gesundes Wachstum möglich machen:

1. fundiertes **Finanzwissen**, um Risiken und Chancen frühzeitig zu erkennen (BWA, Zeitreihen, Kennziffern-Übersicht),
2. genügend **Liquidität**, um über Durststrecken zu kommen (Kontostand),
3. ausreichend **Eigenkapital**, um frei entscheiden zu können (Bilanz).

PRAXISTIPP

Wer bei der Erstellung und Auswertung der Zahlentabellen außerhalb seiner Finanzbuchhaltung Unterstützung sucht, richtet den Blick nicht automatisch nur nach innen. Denn welchen Mitarbeiter betraue ich mit der Zusammenstellung →

→ von diskreten Informationen auf oberster Ebene? Wem gebe ich **vertrauensvoll** Einblick in alle Zahlen?

Bevor ich vor einigen Jahren einen neuen Mitarbeiter im Controlling einstellte, habe ich zunächst einen Bankdirektor im Ruhestand gefragt, ob er sich vorstellen könnte, als Berater für uns zu arbeiten. Als ehemaliger Ansprechpartner unserer Hausbank kannte er zudem unsere Zahlen über die Jahre hinweg. Und wir pflegten bereits ein Verhältnis der gegenseitigen Wertschätzung und Sympathie. Er willigte gerne ein, mir mit seinem »Expertenwissen« zur Seite zu stehen. Von Haus aus wusste er, wie Banken Kennzahlen aufbereiten und interpretieren, welche Informationen sie über ihre Mandanten schätzen und was folgerichtig für die Führung des Unternehmens **wertvoll** ist. Ein echter Glücksgriff!

In dieser Funktion hat er das Controlling verfeinert, die Zahlen der wachsenden Gruppe in übersichtlichen Tabellen und Charts vergleichbar gemacht und für mich eine Übersicht geschaffen, von der das Unternehmen bis heute profitiert. Darüber hinaus hat er einen neuen Bericht zur freiwilligen Information an die Bank vorbereitet und uns rund um Finanzthemen wie Anlagen und Darlehen bestens beraten.

Diesen Finanzbeirat (siehe Station Führung, S. 305) mit fairem Tagessatz – es war natürlich kein Bankdirektorengehalt – →

→ konnte ich mir tatsächlich leisten. Denn seine Aufgabe war für beide Seiten gewinnbringend: Der Pensionär fühlte sich als **Beirat** mit all seiner Erfahrung gebraucht und wertgeschätzt. Und unser Unternehmen erhielt jene hochkarätige Finanzberatung, die uns in der Wachstumsphase bestmöglich unterstützte.

2

Das Preis-Wert-Prinzip

Gute Leistung braucht gute Bezahlung und umgekehrt

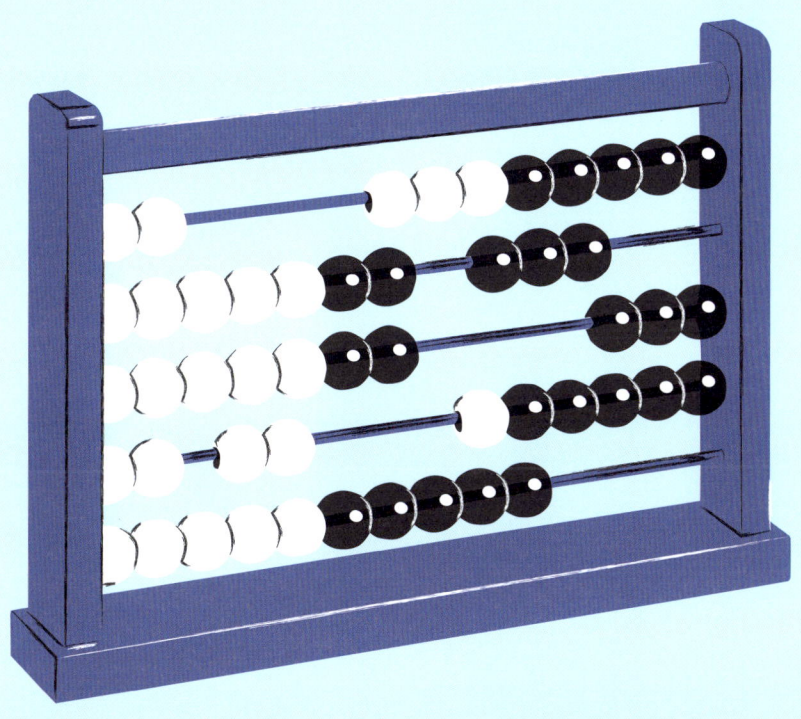

Vor Kurzem war ich im Wanderurlaub im slowakischen Tatra-Gebirge. In einer der größeren Städte der Region besuchten wir das seit 1991 bestehende Eiscafé Adria mit seinem hervorragenden Eisangebot. Wir setzten uns in den Cafégarten, entschieden uns für einen Cappuccino – und staunten nicht schlecht: Auf einem Silbertablett wurde uns zum wunderbaren Kaffee noch eine Kugel cremiges Eis sowie ein Glas Wasser serviert. Alles zusammen für 1,50 Euro!

Gäbe es dieses Café beispielsweise in München, wäre es – bei den Preisen – mit Sicherheit immer brechend voll. Preisgünstiger wäre Cappuccino-Genuss mit Eiskugel nirgends zu haben. Scharenweise würden die Leute herbeiströmen, die Umsatzkurve würde steil nach oben steigen. Die Gäste wären begeistert, zusätzliches Servicepersonal würde eingestellt, neue Maschinen würden gekauft. Und der Betreiber würde abends zufrieden ins Bett gehen und über eine weitere Filiale nachdenken. Doch – schon wenige Monate später stünde das Café möglicherweise leer. Warum?

Vor lauter Freude über die sprudelnden Umsätze war dem Eigentümer entgangen, dass er sich mit dem Kampfpreis-Cappuccino gehörig verkalkuliert hat. Billig anzubieten schien ja so einfach zu sein, denn – so die Vorstellung – wenn der Laden immer voll ist, wird sich der Profit schon irgendwie einstellen. Doch der günstige Preis entsprach eben überhaupt nicht dem gelieferten Wert – die Kosten für Wareneinsatz, Miete und Personal am Standort München konnten nicht gedeckt werden! Diese Art von Trugschluss hat schon zahllosen Unternehmen mindestens heftiges Bauchgrimmen bereitet, wenn nicht die Existenz gekostet: Man will die Kunden, die Aufträge, die Marktposition wortwörtlich um jeden Preis erobern und verliert dabei das Wohlergehen der eigenen Firma aus den Augen. Haben das nicht auch die »Schlecker«, »Praktiker« und »Thomas Cook« dieser Welt versucht? **Gesundes Wachstum** ist aber nur möglich, wenn die Preise so kalkuliert sind, dass sie ausreichende Erträge sichern.

PREISKALKULATION MIT SICHERHEITSGARANTIE

Die Frage, was das Produkt oder die Leistung im Endeffekt tatsächlich kosten soll, ist eben alles andere als nebensächlich. Vielmehr hat die Preisgestaltung eine äußerst starke Hebelwirkung auf die Profitabilität eines Unternehmens. Und auch hier zeigt sich, dass preisgünstig in vielen Fällen für den Anbieter gar nicht günstig ist.

Empirischen Studien zufolge lässt schon eine Preisreduzierung von einem Prozent den Ertrag um mehr als zwölf Prozent sinken. Und umgekehrt kann eine Preiserhöhung um ein Prozent für eine Steigerung des operativen Ertrags von sieben bis 15 Prozent sorgen. Im Vergleich zu anderen Faktoren wie Senkung der Fixkosten um ein Prozent (Hebel: zwei Prozent) oder Steigerung der Absatzmengen (drei Prozent) ist der Preis also einer der wichtigsten Gewinnhebel des Unternehmens und steht in keinem Verhältnis zu reinen Kostensenkungsmaßnahmen. (↗ siehe Abb. 16 – *Gewinnhebel*)

Gute Preisgestaltung beginnt mit guter Kalkulation. Einer Kalkulation, die zunächst alle Kosten genau aufschlüsselt. Hier müssen auch die anteiligen Produktionsgemeinkosten (PGK) einfließen, also fixe Kosten, die im Unternehmen, unabhängig vom jeweiligen Auftrag, anfallen. Meist im Stundensatz oder in einer Grundpauschale enthalten.

Zu den PGK gehört zum Beispiel die Miete. Was ist darin enthalten? Nicht nur der Quadratmeterpreis multipliziert mit der Fläche, auch die Nebenkosten und weniger offensichtliche Kosten wie Ausbesserungen und Reparaturen am Objekt, Versicherungsprämien, Reinigung und Abfallentsorgung oder kleinere Investitionen in Einrichtung und Umbauten sind zu berücksichtigen. Rechnen Sie also systematisch und denken Sie wirklich an alle Kosten!

AUF NUMMER SICHER GEHEN

Jeder Pilot muss vor dem Start und der Landung des Flugzeugs eine Checkliste durchgehen und darin alle Punkte einzeln abhaken. Egal, wie oft er schon geflogen ist, dieser Check ist Pflicht. Er stellt sicher, dass alle variablen Einstellungen korrekt sind und auch nicht die kleinste Kleinigkeit vergessen wurde. Im Betrieb erfüllt diese Aufgabe für die Preisfindung idealerweise eine **Kalkulationsvorlage**. Wir haben dafür ein Kalkulationstool entwickelt, das jede Aufwandsart berücksichtigt. Wenn ein Mitarbeiter nun alle variablen Posten eingetragen hat, kann er guten Gewissens davon ausgehen, dass der kalkulierte Preis sämtliche direkten Aufwände abbildet. Das Formular sorgt verlässlich dafür, dass niemand einen Posten der Kostenrechnung vergisst. Nach Festlegung des alle Fixkosten beinhaltenden Wertes (Stunden-, Tages-, Maschinensatz) und Aufführen und Addieren aller variablen Zeiten, Leistungen und Kostenarten ergibt sich für die Preisgestaltung eine exakte Grundlage.

Aber sie sagt mir noch nicht, ob ich damit im Vergleich zum Wettbewerb oder den Kundenvorstellungen zu teuer oder zu billig anbiete, ob also der Absatz zu niedrig bleibt oder ich Gewinnchancen verschenke. Was mein Angebot unterm Strich wirklich erfolgreich sein lässt, entscheidet schließlich der Markt.

Womit ein zentraler Aspekt der Preisgestaltung angesprochen ist: Wenn ich wissen will, ob die Kunden auch bereit sind, mehr zu bezahlen, muss ich mich intensiv mit dem Wert auseinandersetzen, den meine Produkte oder Dienstleistungen für ihn besitzen. Was etwa wäre, wenn der Kunde nicht auf meine Leistung zurückgreifen könnte? Würde er die gleiche Qualität in der gleichen Zeit auch anderswo bekommen? Würden andere Anbieter seine vielleicht sehr speziellen Anforderungen ebenfalls erfüllen können? Würden sie sich mit dem gleichen Kraftaufwand für den Erfolg dieses Kunden einbringen? Folgende Fragen vonseiten des Marktes beeinflussen den Preis:

1. Welche Preise verlangen vergleichbare **Mitbewerber**? Wo liegt der **Marktpreis** für vergleichbare Leistungen? Gibt es Lücken im Marktangebot (zum Beispiel nicht angebotene Leistungen, somit keine Orientierungspreise)?

2. Welche **Kunden** möchte ich ansprechen und wie muss ich mich dafür ausrichten? Welche **Marktposition** möchte ich dadurch einnehmen? Die des Preisführers (zum Beispiel Aldi) oder des Qualitätsführers (zum Beispiel Edeka)?

Das Preis-Wert-Prinzip hat damit zwei Dimensionen. Es fragt nicht nur, welcher Preis am Markt bestehen kann und für welchen Nutzen die Kunden tiefer in die Tasche greifen. Es fragt vielmehr auch, welchen Preis ich als Unternehmer erzielen will, damit er mir gesunde Erträge einbringt.

Hier entscheidet der Wert mit über den Preis. Denken Sie jedoch daran, dass bei jeder Leistung ein annähernder Preisvergleich für den Kunden möglich ist. Wer seine Stellung hier ausnutzt und überzieht, gerät möglicherweise irgendwann ins Hintertreffen. Denn über zu hohe Preise wird gesprochen – im schlimmsten Falle aber nicht mehr mit dem Anbieter. Dieser wird womöglich einfach geräuschlos »abgeschaltet«.

Ein faires Preis-Leistungs-Verhältnis ist Grundlage einer langjährigen Kundenbeziehung. Und Wachstum stellt sich mit Kunden, die wegen überhöhter Preise wieder abspringen, natürlich nicht ein. Aber auch mit Billigangeboten ist Wachstum nur kurzfristig erlebbar.

Der beste Preis ist **gleichermaßen** gut für den Kunden und gut für mein Unternehmen. Wenn ich mit dieser Idee im Hinterkopf in die Preisverhandlung gehe, habe ich das Steuer fest in der Hand. Ich treffe mich mit dem Kunden auf Augenhöhe, und wir bemühen uns nach Kräften, die beste Lösung für uns beide zu finden. Sollte der Kunde trotzdem ultimativ auf einen *unangemessenen* Preis pochen, dann darf man auch einmal Nein sagen!

Seinen nachweisbar richtigen Preis anzusetzen bedeutet Mehranstrengung: Ich muss dem Kunden klar und verständlich darlegen, welcher Aufwand meinen Preis rechtfertigt und wie er davon profitiert. Mit den richtigen Argumenten kann der Kunde sogar eine Preiserhöhung als attraktive Lösung akzeptieren, wie die folgende Geschichte zeigt.

Der Mehrwert-Aspekt

Als im Januar 2015 der flächendeckende Mindestlohn gesetzlich eingeführt wurde, betraf dies auch unser Unternehmen. Wir beschäftigen unter anderem sogenannte Minijobber, für →

→ die der Arbeitgeber pauschal die Lohnsteuer übernimmt. Das heißt, diese Menschen erhalten brutto für netto. Der Gesetzgeber regelte den Mindest-Brutto-Stundenlohn, machte für das Segment der lohnsteuerfreien Nebenbeschäftigung aber keine Ausnahme. So stiegen unsere Personalkosten für diese Mitarbeiter ohne ausgleichende Effekte wie Produktivitätssteigerung oder Einsparungen auf anderen Gebieten. Also mussten wir mit unseren Kunden über Preiserhöhungen sprechen. Wir erklärten ihnen, dass dieses Mindestlohn-Gesetz auch sie betraf. Es sah nämlich im Falle des Nichteinhaltens vor, auch den Auftraggeber mit in die Haftung zu nehmen. Würde ein Anbieter den Mindestlohn aus Preisgründen also zu umgehen versuchen (zum Beispiel durch ungeprüften Einsatz von Subdienstleistern), könnte das auch für seine Kunden riskant werden.

Für uns gab es nur den Weg, höhere Kosten zu akzeptieren, diese aber auch in die Kalkulation einzurechnen. Viele Kunden haben unsere Argumentation verstanden und eine Anpassung der Preise akzeptiert, manche aber auch nicht. Diese Kunden haben wir an Mitbewerber verloren, die ihre Preise nicht erhöhten. So haben wir deshalb seinerzeit zunächst etwas an Umsatz eingebüßt.

Dann sind wir in die Offensive gegangen. Wir wollten die Argumentation stärken und die noch unentschiedenen Kunden →

→ überzeugen. Durch eine externe Agentur ließen wir uns auditieren und erhielten eine offizielle Zertifizierung, die besagte, dass wir die neuen umfassenden gesetzlichen Richtlinien verlässlich und vollständig einhalten. Damit hatten wir einen starken Beleg für unsere Preiserhöhung in der Hand. Wir gaben dem Kunden Sicherheit. Dies überzeugte kurzfristig abgesprungene Kunden und wir gewannen sie wieder zurück.

UNGERADE PREISE WIRKEN STIMMIGER

Runde Preise sind im Wesentlichen passend für Luxusgüter oder Sternerestaurants. Wenn Sie nicht zu den entsprechenden Anbietern gehören, runden Sie die Preise für Ihre Produkte und Dienstleistungen nicht! Auch wenn Ihre Kalkulation einen recht krummen Betrag von zum Beispiel 711,34 Euro aufweist, ist der Kunde eher bereit, diese Summe zu akzeptieren, als wenn es glatte 700 Euro wären.

Forscher haben herausgefunden, dass ungerade Preise als stimmig angesehen werden, da Kunden dann von einer exakten Kalkulation und einer transparenten Preispolitik ausgehen. Nun verstehe ich auch, warum ich mich unwohl fühle, wenn ich an unserem Käsestand auf dem Markt einkaufe und dort glatte 20 Euro bezahlen soll. Besser geht es mir komischerweise, wenn es heißt: »21,40 Euro bitte« – dann denke ich, der Preis ist richtig gerechnet. Und der Käse den Preis wert.

③

Das Ernte-Prinzip

*Mit gezielten Investitionen sicheren
Ertrag ernten*

»Viel Geld einsetzen und lange darauf warten, bis es sich – hoffent-lich – amortisiert hat«: Dies ist eine zugegeben verhaltene Definition für **Investieren**. Im Kern ist es aber genau so. Um zu entscheiden, Geld für ein Investitionsgut auszugeben, möchte ich einschätzen können, wie lange es dauert, bis dieser Betrag durch erzielte Ein-sparungen oder höhere Einnahmen wieder eingefahren wird. Es handelt sich bei der Entscheidungsfindung also eigentlich nur um *eine* Stellschraube: die **Zeit**, bis der Return on Investment (ROI) ein-getreten ist. Denn erst dann geht die Saat auf und es besteht kein Risiko mehr, das eingesetzte Kapital zu verlieren. Diese Fokussierung auf den Faktor Zeit gilt für mich übrigens unabhängig von der Sum-me einer Investition. Mich überzeugt rein die Dauer des ROI, die Investitionshöhe ist zweitrangig. Letzteres wird über die aktuelle Liquidität beziehungsweise die Art der Finanzierung (Kauf, Leasing) entschieden.

Wann macht eine Investition für das Unternehmen Sinn? Einer-seits, wenn sie dazu beiträgt, die kurz-, mittel- oder langfristigen Unternehmensziele zu erreichen. Und zum Zweiten, wenn die Kos-ten innerhalb einer überschaubaren Zeit durch Mehrerträge oder Einsparungen, die mit hoher Sicherheit anzunehmen sind, gedeckt werden. Generell gilt: Je schneller die Ausgaben wieder hereingeholt werden können, umso besser. Denn **kurze ROI**-Zeitspannen vermei-den finanzielle Unsicherheit und setzen Kapital für weitere Investi-tionsvorhaben frei.

Die Frage, wie lange es maximal dauern soll, bis sich eine Investi-tion amortisiert hat, ist natürlich nicht pauschal zu beantworten. In unserem Geschäft empfinde ich für viele produktions- und kun-denspezifische technische Investitionen die Zwei-Jahres-Grenze als richtig. Weil sich Investitionen oft aus kurzfristigen Anforderungen unserer Kunden ergeben und sich diese Anforderungen nach einiger Zeit aufgrund neuer Marketingstrategien oder Produktausrichtungen wieder ändern können, wird womöglich dann ein gekauftes Zubehör oder eine Maschine nicht mehr gebraucht. Deshalb haben wir diese relativ kurze Amortisationszeit gewählt.

Manche Investitionen brauchen länger, bis sie sich amortisiert haben, aber sie sind trotzdem sinnvoll. Wichtig ist es dann, Sicherheiten zu schaffen. Das lässt sich zum Beispiel vertraglich regeln: Wenn wir für die Aufträge eines Kunden eine Anlage erwerben sollen, die sich erst in fünf oder mehr Jahren selbst tragen wird, dann bitten wir diesen Kunden um eine **schriftliche Auftragsgarantie** für diesen Zeitraum. Im guten Glauben an die *mündliche* Zusage haben wir einmal auf eine schriftliche Vereinbarung verzichtet, und prompt hat nach elf Monaten der Kunde per Vorstandsbeschluss seine Verpackungsproduktion umgestellt und unsere neu angeschaffte teure Maschine kam nicht mehr zum Einsatz. Das Lehrgeld mussten wir bezahlen. Solch eine Unvorsichtigkeit passiert uns kein zweites Mal.

DAUMEN HOCH ODER DAUMEN RUNTER

Wir haben einen einfachen Prozess entwickelt, der schnelle und zuverlässige Entscheidungen für technische Investitionen erlaubt. **Technische Investitionen** sind alle im Anlagevermögen einer Bilanz aufgeführten Wirtschaftsgüter, die sich nicht sofort abschreiben lassen. Deren Ausgaben sich also erst über einen längeren Zeitraum rechnen, weil sie auch für einen längeren Zeitraum funktionieren (Autos, Maschinen, Büromöbel etc.) und einen höheren Anschaffungswert haben. Das Finanzamt stellt dafür gewisse Abschreibungsfristen fest. Davon lösen wir uns jedoch bei der Entscheidungsfindung.

Bei betrieblichen Investitionen von 1000 Euro an aufwärts füllt der Verantwortliche ein Formblatt (Investantrag, IA) aus. Wie bei uns in vielen Bereichen üblich umfasst es genau eine Seite. Zu beantworten sind strukturierte Fragen, die Aufschluss darüber geben, ob die Investition zielführend ist oder nicht. Am wichtigsten dabei ist die Frage nach dem Return on Investment: Wie und wann hat sich diese Investition wieder amortisiert? Wenn alle Parameter passen, gibt der zuständige Geschäftsführer den Antrag frei. Lange abwägen muss er fast nie. Die wichtigsten Informationen für seine Entscheidung liegen ja komprimiert vor. (↗ siehe Abb. 17 – *Invest-Antrag*)

Der Investantrag wahrt den Grundsatz, dass Investitionen professionell vorbereitet und stichhaltig begründet sein müssen. Wenn dies erfüllt ist, ermöglicht es den Mitarbeitern raschen und unbürokratischen Zugriff auf finanzielle Ressourcen. Nach Freigabe wird bestellt, die Lieferantenrechnung ist dann mit Bezug zum IA identifizierbar.

Mit der Speicherung der realisierten Investmentanträge und der ausgewiesenen Kosten in einer Jahrestabelle haben wir zudem die Übersicht über Summen und Arten von Investitionen. Auf die Frage, wie hoch unsere IT-, Anlage- oder Gesamtinvestitionen sind, kann ich also zügig antworten.

JAHRESBUDGETS FÜR INVESTITIONEN?

Wenn ich gefragt werde, ob wir unseren Investitionsrahmen schon ausgeschöpft hätten oder der Erwerb einer Maschine noch machbar sei, entgegne ich: »Wir haben keinen festen Rahmen.« Ich halte nichts von jährlichen **Investitionsbudgets**.

Die führen in aller Regel dazu, dass jedes Jahr im Herbst die Abteilungen des Unternehmens aufs Neue überlegen, wie sie das restliche Geld im genehmigten Budgettopf schnell noch ausgeben können, um im Folgejahr mindestens das gleiche Stück vom Budgetkuchen wieder abzubekommen. Ob solche Investitionen zum Jahresende dem Unternehmen nützen oder nicht, spielt dabei weniger eine Rolle. Hauptsache, die eigene Abteilung hat unter Beweis gestellt, dass sie auf keinen Cent ihres Budgets verzichten kann.

Große Konzerne mögen ohne Investitionsbudgets vielleicht nicht auskommen, aber für das Wachstum von kleinen und mittleren Unternehmen erweisen sie sich eher als kontraproduktiv. Woher soll ich wissen, welche Anforderungen oder Chancen im nächsten Jahr tatsächlich auf mich zukommen? Und wie viel Geld ich dafür in die Hand nehmen muss? Soll ich eine gute Chance platzen lassen, weil ich zwölf Monate zuvor ein festes Budget erdacht habe, zu dem diese Ausgabe nicht mehr passt?

Wir halten uns lieber an die nachvollziehbare **Einzelbegründung** jeder Investition. Dann entscheiden wir von Fall zu Fall und aktuell. Weiter wählen wir dann, ob wir leasen (monatliche Teilbelastung) oder kaufen (wenn die Liquidität es zu genau diesem Zeitpunkt eben zulässt), folgen also ganz dem Lebensprinzip: »Let's cross the bridge, when we get there!«

KASINO-BUDGET

In einem Fall mag ein Investitionsbudget sinnvoll sein: Dann, wenn ich ins Kasino gehe und mir ein Limit für meinen Einsatz setze. Hier schützt mich das Budget davor, leichtsinnig zu werden und mich finanziell zu überheben.

Auf das Geschäftsleben übertragen ergeben sich Situationen, die eher Mut erfordern statt auf Sicherheit ausgerichtete ROI-Denke. Aber weniger mit dem spielerischen als einem **strategischen Hintergrund**. Wir sind derzeit zum Beispiel auf der Suche nach einem Roboter, der in der Produktion zusammen mit Mitarbeitern an der Linie agieren soll. Ein sogenannter Cobot. Das ist ein sehr interessantes Projekt, aber niemand kann absehen, wie viel Kosten es bedeuten und wie es ausgehen wird. Und weil auch noch kein verlässlicher ROI berechnet werden kann, habe ich ein Entwicklungskostenbudget dafür vorgegeben. In diesem Fall haben wir gesät, ohne zu wissen, ob und wann wir ernten werden. Manchmal möchte man eben gerne einen bestimmten freien Betrag auf die Zukunft setzen. Aber auch nicht mehr!

STRATEGISCHE INVESTITIONEN

Strategische Investitionen sind Ausgaben, mit denen man das Unternehmen über das Bestehende weiterentwickelt. Zum Beispiel für ein neues Produkt oder ein neues Geschäftsmodell. Oder die Gründung eines neuen Standortes beziehungsweise der Kauf einer Firma. Hier sind die Sicherheiten kleiner, dafür wird maßvoller Mut größer geschrieben.

Als Grundlage dafür braucht es eine konkrete **strategische Zielsetzung** (siehe Station Führung, S. 291). Beispiel: Jahrelang hatten wir einen Teil der Wellpappe für unsere Versandverpackungen und Faltkartons von einem Lieferanten bezogen. Bis sich eines Tages abzeichnete, dass diese Geschäftsbeziehung wenig Zukunft haben würde. Aus Altersgründen hatte der Inhaber kein Interesse an neuen Investitionen. Diese waren aber für die Qualität der Ware und auch intern für die Arbeitssicherheit unseres Lieferanten dringend nötig. Zudem machte uns das patriarchische Führungsverhalten Sorge, mit dem er seine Mitarbeiter vor den Kopf stieß – was dazu führte, dass unsere Ansprechpartner und deren Wissen um unsere Anforderungen häufig wechselten. Was tun? Sollten wir einen neuen Zulieferer suchen? Oder sollten wir die Herstellung von Kartonagen und Zuschnitten aus Wellpappe besser gleich selbst in die Hand nehmen? Das wäre mit hohen Investitionskosten verbunden, würde uns aber zweifellos flexibler und unabhängiger machen.

Nach eingehender Beratung beschlossen wir, letzteren Schritt zu wagen. Erstens, weil dieses neue Geschäftsfeld perfekt zu einem unserer aktuellen **Fünf-Jahres-Ziele** (»neue Dienstleistungen oder Produkte anbieten«) passte. Und zweitens, weil unsere **Kunden** von kürzeren Lieferzeiten und höherer Qualität profitieren würden. Dies wiederum würde unsere Wettbewerbsposition stärken. Drittens packten wir die Chance beim Schopf, einen absoluten Insider und Branchenprofi für den Aufbau und die operative **Führung** zu gewinnen.

Und viertens ging es ums **Geld**! Unsere Berechnungen (wir erstellten BWA- und Liquiditätsplanungen für die Folgejahre) hatten ergeben, dass sich die Investitionen nach frühestens fünf Jahren amortisieren würden. Bis das neue Unternehmen (dessen Namen »Flexpack«

einem nächtlichen Einfall unseres Deutschland-Geschäftsführers zu verdanken ist) also Gewinne einspielen würde, brauchte es neben einer gehörigen Prise unternehmerischen Mutes auch Geduld. Denn in dieser Zeit würde es erst einmal heißen, Ergebnisse zu erarbeiten, um unter anderem die Investitionen in die technische Ausstattung zu tilgen.

ZUM RICHTIGEN ZEITPUNKT SÄEN

Bei der Wahl des richtigen Zeitpunkts für Investitionen vertraue ich tatsächlich auf Wachsamkeit und glückliche Zufälle. Ich bin überzeugt, dass die Chancen für strategische Investitionen nahezu von selbst auf uns zukommen, sofern wir uns ein entsprechendes Ziel gesetzt haben. Der richtige Zeitpunkt zum Säen ergibt sich, wenn ich weiß, was ich ernten will, und wenn ich sorgfältig geprüft habe, ob und wann das Saatgut auch wirklich aufgehen kann. Mit anderen Worten: Ich investiere dann in Vorhaben, wenn sie sich innerhalb einer überschaubaren Zeitspanne selbst tragen und danach Gewinn abwerfen. Der macht neue Investitionen erst wieder möglich.

Investieren ist für mich ein tragendes Fundament des Wachstums. Als Unternehmer muss ich immer wieder Geld für neue Produkte, Dienstleistungen oder Technologien in die Hand nehmen. Sonst tritt mein Geschäft auf der Stelle und mein Unternehmen büßt seine Wettbewerbsfähigkeit ein. Ich bin von Haus aus kaufmännisch vorsichtig. Aber für Investitionen in die Zukunft meines Unternehmens bin ich immer zu haben, wenn diese nachweislich sinnvoll und in passender Zeit rentabel sein werden. Gute Ernte als Ziel.

IT-INVESTITIONEN

Investitionen in die Digitalisierung sind für jedes Unternehmen heute zweifellos unverzichtbar. Aber es ist gar nicht so einfach, dabei die richtige finanzielle Entscheidung zu treffen. Wenn die IT-Abteilung einen hohen fünfstelligen Betrag für neue Hard- oder Software, Lizenzen und dergleichen mehr benötigt, ist es schwierig, einen exakten ROI dafür zu berechnen. Und manchmal versteht man auch kaum den Nutzen oder Mehrwert und hat den Eindruck, man müsse nur aufgrund der Lizenzmodell-Änderungspolitik der monopolistischen Softwareanbieter wieder neu investieren.

Um für die Freigabeentscheidungen mehr Verständnis zu schaffen und den Bezug von Kosten und erhaltenem **Nutzen** zu erkennen, hat unser IT-Leiter eine Übersicht zusammengestellt. Sie ersetzt keine Investitionsanträge, aber schafft deren Zuordnung. Eine Grafik, trotz der umfangreichen Angaben dargestellt auf nur einer DIN-A4-Seite. (siehe Abb. 18 – *Nutzen & Kosten der IT*)

Sie teilt die IT in **zehn Säulen** nach konkretem Nutzen für das Unternehmen ein. Eine der Säulen (ERP-System) beschreibt den Nutzen so: »Warenbestände«, »Rechnungen«, »Stücklisten«, »Kundenbindung«. Darunter sind die eingesetzten Lieferanten und deren Software namentlich aufgeführt und die Gesamtkosten pro Jahr zu sehen. In dieser Tabelle sind die wichtigsten unserer fast 70 IT-Hersteller und Dienstleister passend zu der jeweiligen Säule gelistet. In jeder Säule steht auch die jeweilige Jahreskostensumme der Anbieter. Und darunter noch der prozentuale Anteil für variable Dienstleistungen. Als Basis der Säulen liegen zwei Querbalken. Einer mit den Kosten für Zubehör, ein zweiter mit der Summe für den Personalaufwand. Als Dach der Grafik wird die Gesamtsumme aufgezeigt.

Auf einen Blick sehen wir so den Gesamtkostenrahmen, die Ausgaben je Bereich sowie jeweils deren Wert und Nutzen für unser Unternehmen. Somit ist auch deutlich, welcher Nutzen entfiele, wenn wir auf die entsprechenden Kosten in dieser Säule verzichten wollten.

Dass die IT-Kosten in den letzten Jahren so extrem gestiegen sind, führte auch zu einer Umstellung in unserer Betriebswirtschaftlichen Auswertung (BWA). Heute weisen wir IT-Aufwände gesondert aus, statt sie – wie vor Jahren noch – unter Verwaltungskosten zu buchen. Damit haben wir die Kostenentwicklung auch je Standort im Griff. Außerdem speisen die Werte aus der Finanzbuchhaltung auch die halbjährlich aktualisierte oben gezeigte Säulentabelle.

Das Glastisch-Prinzip

*Offen und positiv mit Banken und
Behörden umgehen*

In der Pause des Seminars »Keine Angst vor Betriebsprüfungen« diskutierten drei Teilnehmer mit ernster Miene über ihre aktuellen Erlebnisse mit dem Finanzamt. Als ich mich dazugesellte, bekam ich einen »wertvollen« Tipp mit: »Sorgen Sie für schlechte Beleuchtung und einen sehr kühlen Raum, dann wird der Betriebsprüfer nicht lange bleiben.«

Oft treibt Unternehmern die Ankündigung einer Betriebsprüfung den Angstschweiß auf die Stirn. Nicht unbedingt, weil sie bei der Steuer tatsächlich geschummelt haben. Sondern weil sie das Finanzamt als eine Art natürlichen Feind des Unternehmens fürchten. Ich teile dieses Feindbild überhaupt nicht, im Gegenteil. Das Finanzamt ist für mich ein hilfreicher Partner des Unternehmens: Mit seiner Expertise liefert uns die Behörde eine Art kostenlose Revision, ein externes Betriebsaudit, das uns in unseren ordentlichen Abläufen bestätigt oder im Einzelfall – auch vorbeugend – auf eine mögliche Schwachstelle hinweist.

GUT GEGEN WETTBEWERBSVERZERRUNG

Irgendwann habe ich gelesen, dass in den Finanzämtern die am besten ausgebildeten Beamten Europas arbeiten. Warum also sollte ich als Unternehmer nicht von ihrem Wissen profitieren? Schließlich helfen uns ihre Erkenntnisse möglicherweise, Abläufe und Umsetzungen im Unternehmen zu optimieren. Meine Haltung als Unternehmer ist da eindeutig: Ich könnte nicht gut schlafen, wenn ich wüsste, es gäbe bei uns »Leichen im Keller« – unlautere, gut versteckte Mauscheleien oder Vorteile, die uns nicht zustehen. Daher sind unsere Mitarbeiter im Finanzbereich angehalten, sich selbst als interne und strenge Prüfer

zu verstehen, die dafür sorgen, dass Vorgänge und Belege rechtskon-
form und vollständig sind. Eine Betriebsprüfung ist dann sozusagen
ihr Ritterschlag.

Ich finde Betriebsprüfungen übrigens auch deshalb gut, weil sie
Wettbewerbsverzerrungen vorbeugen. Sie tragen dazu bei, dass Unternehmen, die Steuern unterschlagen, daraus keinen finanziellen Vorteil ziehen können gegenüber jenen Wettbewerbern, die gesetzestreu
handeln und den Finanzbehörden den Beitrag entrichten, der dem
Staat zusteht.

Ohnehin erfüllen Finanzämter eine Aufgabe, die der gesamten Gesellschaft dient. Sie zu akzeptieren, ist für mich eine Frage der Haltung:
Steuern sind ein notwendiger Beitrag zum Gemeinwohl. Und Steuern zahlen ist sowohl Bürgerpflicht als auch Unternehmenspflicht.

Steuersünder in Deutschland

Wussten Sie, dass allein in Deutschland dem Staat jährlich
125 Milliarden Euro durch Steuerhinterziehung entgehen, in
der ganzen EU sogar 825 Milliarden Euro? Diese hohen Ver-
luste entstehen durch die vielen privaten und gewerblichen
Steuersünder, die glauben, dem Finanzamt ein Schnippchen
schlagen zu müssen. Solche Steuervermeidungsmanöver
mögen eine Weile gut gehen. Auf Dauer aber ist der Arm der
Behörde länger. Fast 14 000 Finanzbeamte sind jährlich
allein in Deutschland unterwegs, um die Buchhaltung in
den Betrieben zu prüfen. Laut Bundesfinanzamt wurden →

→ 2017 in mehr als 190 000 Firmen bei Betriebsprüfungen insgesamt 17,5 Milliarden Euro einkassiert. Mittlere und große
Betriebe werden häufiger geprüft, Kleinunternehmen eher
selten.

WENN DIE BETRIEBSPRÜFUNG ANSTEHT

Wann immer die beauftragten Betriebsprüfer des Finanzamts zu uns
ins Haus kommen, zeigen wir uns offen und freundlich. Wir begrüßen
sie mit Kaffee, Tee und Erfrischungen (mehr Bewirtung ist vonseiten
der neutralen Beamten nicht gewünscht, das könnte irritieren!) und
starten nach der Vorstellungsrunde zu Beginn unseres Treffens mit
einer Firmenpräsentation. Damit erhalten die Prüfer ein Verständnis
über unser Unternehmen, ohne überhaupt danach fragen zu müssen.
Anschließend stellen wir ihnen einen ordentlichen Arbeitsplatz in
einem Raum in der Nähe der Finanzbuchhaltung zur Verfügung. Der
Raum sollte bei Abwesenheit der Prüfer wegen der vertraulichen Unterlagen abschließbar sein.

Natürlich erkundigt sich der Betriebsprüfer auch bei uns zu Hin-
tergründen und schriftlichen »Beweisen«. Da ist zuweilen auch der
Chef gefordert, komplexere Hintergründe zu erläutern. Meiner Erfahrung nach sind die Mitarbeiter des Finanzamts kundige, intelligente
Menschen, die für ihre Bewertung nachvollziehbare Erläuterungen
brauchen. Unser Motto im Umgang mit dem Finanzamt heißt: **Kooperation statt Abwehrkampf**. Im Zweifelsfall fragen wir nach, verhan-
deln, stellen unseren Standpunkt klar und argumentieren für unsere

Sichtweise, bis eine für beide Seiten zufriedenstellende Lösung gefunden ist. In der Vergangenheit konnten wir übrigens häufig Null-Fehler-Prüfungen für uns verbuchen. Das, könnte man denken, ist für den Finanzbeamten enttäuschend. So ist es aber keineswegs. Er hat keine Vorgabe über eine zu erzielende Nachzahlungshöhe, vielmehr erhält er Punkte für die Komplexität seiner Aufgabe. Und nach Abschluss der Prüfung berichtet er seinem Vorgesetzten über ein ordentliches Unternehmen. Denn die gibt es – und es sind nicht wenige!

Wer meint, man müsse die Sache mit dem Finanzamt nicht so furchtbar genau nehmen, sollte bedenken: Genau wie ausbleibender Umsatz von unzufriedenen Kunden können auch hohe Nachforderungen des Finanzamts eine Firma stilllegen oder zumindest massiv beeinträchtigen. Dem können und müssen wir selbst vorbeugen, mit korrekter Buchführung und fristgemäßen Zahlungen. Deshalb setze ich gegenüber dem Finanzamt und anderen Behörden auf das Glastisch-Prinzip: transparent sein, und immer schön sauber bleiben!

BANKEN MIT INFORMATIONEN VERWÖHNEN

Der Kern dieses Prinzips gilt übrigens auch für den Umgang mit Banken. Als 2004 die Basel-II-Regelungen eingeführt wurden, hatten wir Unternehmer uns auf wesentlich strengere Bonitätsprüfungen durch die Banken einzustellen. Die Finanzinstitute durften sich nicht mehr allein auf die Bilanzen ihrer Unternehmenskunden verlassen. Überdies benötigten sie für ihr Rating nun ein ganzes Konvolut von Zahlen, Daten, Fakten und Prognosen. Wir mussten also viel mehr Details über unser Geschäft preisgeben als vorher. Oder sollte ich besser sagen, wir durften diese Transparenz herstellen?

Jedenfalls unterzogen auch wir uns einem solchen Rating durch unsere Hausbank. Dabei ging es neben der Offenlegung von quantitativen Daten auch um Informationen qualitativer Art wie Management, Kundenstruktur, Wettbewerbsposition, Branchenentwicklung oder Wachstumsprognosen, was ich weder lästig noch indiskret fand, sondern ziemlich gut! Das Bankenrating hat uns nämlich gewissermaßen im Schnellverfahren die Blaupause für die relevanten Fragen, die sich Führungskräfte über ihr Unternehmen selbst stellen sollten, geliefert.

Auch wenn heute die Ratingkriterien und gewünschten Informationen wieder weniger ausufernd sind, erhält unsere Bank jedes Jahr einen umfassenden und gut strukturierten Bankbericht über das zurückliegende Geschäftsjahr. Und das Beste daran: Diese Hausarbeit ist nicht nur eine für die Bank interessante und wertvolle Information. Nein, auch für unser Unternehmen selbst – und mich als Finanzchef – sind diese zusammengestellten Informationen von erhöhter Relevanz.

Damit überlassen wir der Bank proaktiv mehr Informationen, als sie von uns fordern könnten. Wir geben dieses Extra auch gerne, weil wir dadurch unseren Beitrag leisten, um das Vertrauensverhältnis zu stärken.

Mit offenen Karten gewinnen

Auf fünf bis sieben Seiten enthält der Geschäftsbericht folgende Informationen, die zum Teil auch grafisch aufbereitet sind:

→

→
- Grundlagen (Leistungen, Standorte, Anzahl Mitarbeiter, wesentliche Kunden),
- Unternehmensstruktur (Gesellschaften, Verbindung untereinander, Schwerpunkte jeder GmbH, Namen der Geschäftsführer, Organigramm des Managements),
- gesamtwirtschaftliche Rahmenbedingungen (Markt, Politik),
- wichtigste Finanzergebnisse (Umsatz, Betriebsergebnis),
- Finanzentwicklung (Umsatz, Personalkosten, Produktions- gemeinkosten, Betriebsergebnis) im Vorjahres- und Budgetvergleich,
- Liquidität (Konten, Anlagen/Termingelder),
- Rückblick mit getroffenen Maßnahmen und Resultaten sowie Beurteilung der Entwicklung,
- Ausblick auf das kommende Geschäftsjahr (Budget, Vertrieb, Strategie).

Noch ein weiterer Grund spricht dafür, die Bank möglichst umfassend über unsere Geschäftsentwicklung zu informieren. Sie kann so unsere Bonität auch anderen, denen wir unsere Bilanzen und Abschlüsse nicht zukommen lassen wollen, bestätigen – so zum Beispiel durch Refinanzierung einer von uns beauftragten Leasinggesellschaft oder durch Ausstellen eines Avals für einen gewerblichen Vermieter. Das verringert unseren Aufwand und stellt sicher, dass die Geschäftszahlen in den bewährten Händen unserer Bank verbleiben. Nur dort und nirgendwo anders gehören diese Geschäftszahlen hin, damit der Anspruch an ihre Vertraulichkeit wirklich gewahrt bleibt!

Das ehrliche Unternehmen ist in meinen Augen keineswegs das dumme, sondern es ist smart. Es sorgt für **Transparenz** nach innen und nach außen, pflegt die offene Partnerschaft mit Behörden und Banken und betreibt damit Zukunftssicherung.

5

Das Check-24-Prinzip

Haftungen und Risiken kennen, bewerten, vermeiden

Unternehmertum ist naturgemäß damit verbunden, gewisse Risiken einzugehen. Aber das Risiko muss kalkulierbar sein, sonst bewege ich mich mit meinem unternehmerischen Handeln auf dünnem Eis. Schwer kalkulierbar sind Fehler oder Unglücke. Sie können passieren, sei es ein unabsichtlich verursachter Schaden am Mietobjekt oder der Sturz eines Mitarbeiters. Solche Sach- oder Personenschäden werden mitunter sehr teuer – da sind Hunderttausende Euro oder sogar Millionenbeträge möglich. Berufsgruppen wie Juristen, Steuerberater oder Mediziner müssen für Haftungsfälle nach falscher Beratung oder wegen misslungenen Eingriffen eine sogenannte Berufshaftpflichtversicherung abschließen.

Auch für Autofahrer ist der Abschluss einer Haftpflichtversicherung Pflicht. Kein bei Dritten entstandener Unfallschaden wird so für den Verursacher zum finanziellen Fiasko. Im Gegensatz zum Autobesitzer oder zu den genannten Berufsgruppen ist jedoch für einen Betrieb eine Absicherung der Haftpflicht keine gesetzliche Vorgabe. Mein Rat aber ist: Machen Sie es wie die Juristen! Sichern Sie Ihren Betrieb und damit sich selbst ab!

Zum Schutz vor einer hohen Zahlung für einen eingetretenen Haftungsfall gibt es für Unternehmen nur eine einzige Vorsorgeform: die **Betriebshaftpflichtversicherung**. Wir haben eine sehr hohe Schadenshöhe abgesichert – so schlafe ich gut! Und wir halten den Tarif günstiger wegen des recht hohen Selbstbehalts. Denn es macht wenig Sinn, der Versicherung einen kleinen Lackschaden des Firmenpoolwagens oder eine geringe Inventurdifferenz zu melden. Ich brauche das gute Gefühl der Absicherung im Falle eines wirklich hohen Schadens.

HAFTUNG REDUZIEREN DURCH
FAIRE VERTRÄGE

Neben den gesetzlichen Haftungspflichten steht es Unternehmen frei, weitere Klauseln der Haftung und Strafen untereinander zu regeln. Dafür werden beidseitig Verträge aufgesetzt, die betreffende Klauseln beinhalten.

Gerade jüngere oder noch nicht so professionelle Betriebe mit Wachstumsdrang tendieren bei Vertragsabschlüssen oft zu weniger **Vorsicht**. Wenn der Auftrag eines namhaften Kunden lockt, ist der Vertrag schnell unterschrieben, ohne das Kleingedruckte richtig beachtet zu haben. Eine riskante Entscheidung, denn auch wenn der abgezeichnete Haftungsfall noch so unwahrscheinlich ist – der Teufel ist manchmal ein Eichhörnchen. Und wenn das Unerwartete dann doch eintritt, kann das die Firma sogar in die Insolvenz treiben. Schauen Sie bei Haftungsklauseln lieber ganz genau hin und beschäftigen Sie sich eingehend mit der Risikoabwägung.

Die Sechs-Augen-Taktik

Bei uns im Hause ist der Prozess der Vertragsgestaltung klar geregelt: Erst wenn er durch mehrere Hände gegangen ist, wird ein Vertrag unterschriftsreif. Der verantwortliche Kundenbetreuer etwa prüft die operativen Bestandteile des Vertrags wie Preise oder Lieferzeiten. Ein rechtskundiger Mitarbeiter kümmert sich um juristische Aspekte wie Haf-

→

→ tungsfragen. Und eine weitere Führungskraft ohne operativen Bezug betrachtet deren Ergebnisse und den gesamten Vertrag unter unternehmerischen Gesichtspunkten.

Dabei gehen wir jeden einzelnen Passus durch und kommentieren ihn mit eigenen Anmerkungen. Dann werden die Punkte mit dem Vertragspartner besprochen und verhandelt. Wir nehmen uns für diesen strukturierten Prozess Zeit. Aber zum Schluss ist das Verhandelte für beide Seiten klar und verlässlich. So stellen wir sicher, dass wir Leistungen, die wir dem Kunden vertraglich zusagen, auch wirklich liefern können. Und dass unser Unternehmen so gesund bleibt, dass wir auch noch für den nächsten Auftrag zur Verfügung stehen.

Vertragsunterzeichnungen sind seriöse Momente, in denen klare Regeln und bindende Vorgaben für die zukünftige Zusammenarbeit abgeschlossen werden. Ein Vertrag ist wie ein **Scheck** – er muss halten, was er verspricht, und gedeckt sein, wenn man ihn einlöst.

Grundsätzlich sehe ich das Thema Strafe und Haftung in Verträgen mit Kunden und Partnern immer unter dem Gesichtspunkt der Verhältnismäßigkeit. Wenn ein Kunde beispielsweise einen Schadensersatz bei verspäteter Lieferung fordert, gilt es vorher nachzurechnen. Denn ob Zahlung der Schadenssumme oder der durch einen Schadensfall erhöhten Versicherungsprämie – beides bedeutet Kosten.

Vergleichen Sie bei der Verhältnismäßigkeit aber nicht die Umsatzsumme, die der Auftrag des Kunden einbringt. Ziehen Sie zuerst alle direkten Kosten ab, die bei der Umsetzung des Auftrages anfallen. Dann bleibt nur der direkte **Gewinn** daraus, mit dem eine mögliche Zahlung der Haftung oder der erhöhten Prämie (und diese Mehrkosten zählen dann jährlich!) abgedeckt werden können muss. Ist es also verhältnismäßig, für einen Auftrag mit 20 000 Euro Umsatz eine Vertragsstrafe für den Verzugsfall in Höhe von 10 000 Euro zu unterschreiben? Lassen Sie die direkte Gewinnmarge der Einfachheit halber fünf bis zehn Prozent betragen – dann bleiben Ihnen bei dem Auftrag nur noch 1000 bis 2000 Euro. Dagegen stehen Vertragsstrafe oder Versicherungsprämiensteigerung. Selbst wenn manche Haftungsfälle sehr unwahrscheinlich sind, es gibt sie. Und wenn der Kunde ein unklares Risiko verlagern möchte, muss das im Preis auch irgendwo enthalten sein.

Dort wo es unverhältnismäßig und in echten Summen sehr hoch wird, lehne ich solche Klauseln ab, und im ungünstigen Fall kommt kein Vertrag zustande. Aber die Firmengesundheit setze ich, wie schon gesagt, ungern aufs Spiel. Diese Konsequenz im Einzelfall kann wehtun, hält unser Unternehmen aber insgesamt seit vier Jahrzehnten gesund.

GUTE ZAHLEN ALS FOLGE GUTEN TUNS

Das Feld der Unternehmensfinanzen verdient hohe Aufmerksamkeit. Gleichzeitig darf sich die Führung nicht nur auf die Zahlen fokussieren, sonst ginge ihr der Blick für das Ganze verloren. Ein Unternehmen ist nun einmal eine juristische Person, die ihre Ausgaben und Einnahmen aus dem interaktiven Zusammenspiel der **Faktoren Markt, Mensch und Technik** generiert. Dabei sind gute Zahlen die logische Folge starker Kundenbeziehungen, leistungsfähiger, motivierter Mitarbeiter und intelligenter Prozesse. Der an der Station Mitarbeiter erwähnte SZ-Effekt (siehe Station Mitarbeiter, S. 102) besagt es: Sind die Stimmung, das Miteinander und der Spirit im Unternehmen positiv, werden in der Folge auch die Zahlen stimmen. Finanzen sind nicht alles. Aber ohne Finanzen ist alles nichts.

Schlussrunde

Ihre Gewinnerprinzipien für die Station »Finanzen«

Gekonntes Wachstum gelingt, wenn

… »sprechende« Kennzahlen und sportliche Benchmarks zu besseren Entscheidungen führen.

… Preise angeboten werden, die ihren Preis wert sind.

… klug in technische und strategische Vorhaben investiert wird.

… Behörden und Banken zu Partnern werden.

… Risiken sorgsam abgewogen und angemessen abgesichert werden.

FÜHRUNG

Jedes Unternehmen braucht Steuerleute – die Führungsspitze

Wirksam Vorbild sein, Perspektiven geben und koordinieren

Steuerleute? Das sind doch die in der Mannschaft, die ganz hinten im Achter sitzen und die Ruderer anfeuern? Genau. Tatsächlich geht ihre Aufgabe aber weit über den Ansporn hinaus. Der Steuermann ist der Stratege des Boots, sein Blick ist immer in Fahrtrichtung gerichtet, und so gibt er den Ruderern taktische Anweisungen für den Kurs, beobachtet den Rennverlauf, informiert sie über die Position und synchronisiert ihren Einsatz. Dabei behält er stets die Sicherheit des Ruderboots im Auge und hilft der Mannschaft, ihre Kräfte richtig einzuteilen. Er hat den Überblick, erkennt, ob sich das Boot effizient fortbewegt, und hält es auf Kurs.

Das Bild vom Steuermann symbolisiert perfekt Funktion und Verantwortlichkeit der obersten Unternehmensführung. Deren primäre Aufgabe ist es, Perspektiven aufzuzeigen und Sinn zu stiften, für klare Verantwortlichkeiten sowie Koordination zu sorgen und Prioritäten zu setzen, kurz: den Mitarbeitern aufzuzeigen, welche Entwicklung ihr Unternehmen einschlagen will, und sie auf dem Kurs aufmerksam zu leiten und zu begleiten. Um diese Aufgaben zu bewältigen und das Wachstum maßgeblich voranzutreiben, bedarf es aus meiner Sicht zwingend freier Ressourcen innerhalb des Führungsteams.

Ich bin ein großer Freund von flachen Hierarchien, glaube aber nicht an das Funktionieren von Selbstorganisation oder Basisdemokratie im Unternehmen. Vielmehr wären Kräfteverlust und Doppelarbeit vorprogrammiert. Ganz gleich, wie viele Führungsebenen ein Unternehmen eingezogen hat, maßgeblich ist, die Ebenen mit viel Entscheidungsfreiheit auszustatten und alle beschlossenen Maßnahmen sowie die gesamte Schlagkraft der Teams planvoll auf die Ziele des Unternehmens auszurichten, damit das Boot auf Kurs bleibt.

An dieser fünften Station der Lemniskate spreche ich darüber,

- wie Loslassen Türen zum Wachsen öffnet,
- warum es gut ist, manchmal selbst eine Lücke zu besetzen,
- wie ich durch meine Haltung Mitarbeiter verbessere,
- wie sich ein Unternehmen auf dem Zeitstrahl an Visionen orientiert,
- warum auch Profis noch von Profis profitieren.

Die folgenden Prinzipien handeln von der Unternehmensspitze, den letztverantwortlichen Geschäftsführern und Unternehmern. Meine persönlichen Erfahrungen teile ich gerne. Kommen Sie an Bord und freuen sich auf Anregungen, wie Sie sich und Ihre Steuerleute auf Wachstum vorbereiten.

Das Team-Prinzip

Spitzenteams statt Solospitze

Wir hatten uns zur Feier des zehnjährigen Dienstjubiläums meines Deutschland-Geschäftsführers in der Zentrale getroffen und mit einem Glas Sekt darauf angestoßen. 30 Mitarbeiter standen beieinander, und ich beglückwünschte den Jubilar. Aber auch irgendwie mich selbst, denn mir wurde die Tragweite meiner Personalentscheidung vor einem Jahrzehnt wieder einmal deutlich bewusst: »Dich einzustellen, war eine der besten Entscheidungen meines Unternehmerlebens!«

Rückblick: Mitte September 2001 suchte ich eine neue Führungskraft. Sie sollte den aus Altersgründen ausscheidenden Geschäftsführer eines unserer Betriebe ablösen und auch einige meiner operativen Aufgaben übernehmen. Bis dahin war ich an zwei Standorten zuständig für Kundenakquise, Kundenbetreuung und Produktion. Und selbstverständlich hatte ich als Chef auch das Bedürfnis, mich um die Administration, das Marketing sowie den Einkauf zu kümmern. Kurz: Bei mir liefen alle Fäden zusammen. Angesichts dieser »Ämterhäufung« fehlte mir aber die nötige Zeit für meine eigentlichen Führungsaufgaben wie Strategieentwicklung und Finanzen. Das musste sich ändern.

Der neue Mann und ich waren uns auf Anhieb sympathisch. Wir teilten die gleiche Auffassung von Führung und Unternehmensentwicklung. Und bereits wenige Monate nach seiner Einstellung wurde mir deutlich, welcher Wachstumsschub dank dieser »Zellteilung« für unser Unternehmen möglich wurde. Einen anstehenden Firmenkauf schon im folgenden Jahr mitsamt der Integration von rund 20 Mitarbeitern hätte ich alleine kaum geschafft. Mit ihm war es machbar. Zudem konnten wir durch die Kontakte des neuen Geschäftsführers kurze Zeit später einen ersten Inhouse-Standort bei einem großen

Logistiker eröffnen. Und dank seiner Energie und seiner Freude am Wachstum kamen nun fast jährlich neue Standorte dazu.

OHNE GRENZEN

Die zweite Top-Führungskraft, die ich einstellte, war ebenso ein Glücksgriff. Etwa zur selben Zeit im Jahr 2001 suchte ich nach einem Vertriebsprofi, um mehr Auslastung für unsere bestehenden Standorte zu generieren. Doch bald wurde aus unserem neuen Vertriebsleiter viel mehr.

Obwohl wir wie gesagt 2002 eine Firmenübernahme tätigten und einen neuen deutschen Standort starteten, hatte ich parallel dazu die Vorbereitungen für die Eröffnung einer Niederlassung in Österreich getroffen. War das alles machbar? Ja, dank der Verstärkung auf hohem Niveau wurden plötzlich auch ambitionierte Ziele umsetzbar und komplexe Wachstumsentscheidungen gangbar. So konnten wir auch unser erstes ausländisches Unternehmen in Wien gründen. Der neue, zunächst für Süddeutschland eingestellte Vertriebsleiter übernahm nun auch tatkräftig die Akquisition des wachsenden Kundenstamms in Österreich und identifizierte sich mit den gesamten Aufbauaufgaben für diese Niederlassung. Heute ist er Geschäftsführer und als Länderchef verantwortlich für Hunderte Mitarbeiter sowie mehrere Standorte in Österreich.

Nie hätten wir in ein und demselben Jahr derart expandieren können, wenn ich dies hätte alleine stemmen wollen. Und nie wäre unser ansehnliches Firmenwachstum in der Folgezeit gelungen, wenn ich nicht bereit gewesen wäre, Kompetenzen, Entscheidungsfreiheiten und vieles mehr an zwei großartige Führungskräfte abzugeben. Anfangs habe ich sie noch etwas enger, später wie auch heute noch partnerschaftlich geführt und begleitet. Stets auf der Grundlage von Vertrauen und Wertschätzung, Zielabstimmung und großer Freiheit sind sie in die Selbstverantwortung für ihre Ergebnisse hineingewachsen. Und damit konnte auch die Firma wachsen.

Mit diesem operativen Wachstum musste nun auch die Administration einhergehen und sich anpassen. Auch hier sollte kein Engpass durch meine Funktionen entstehen. Daher stellte ich einen Bewerber ein, der sich von meinem Assistenten zur Führungskraft entwickelte und schließlich die Verantwortung dafür übernahm, die Erweiterung der kaufmännischen Bereiche der Zentrale als Geschäftsführer zu koordinieren und zu entwickeln.

DIE VIELFALT MACHT ES AUS

»Ohne euch würden wir nie dort stehen, wo wir heute sind!« Was ich mit dieser gegenüber meinen Führungskräften oft wiederholten Feststellung sagen möchte, ist, dass unser Wachstum überhaupt erst möglich wurde, weil viele meiner Aufgaben, Rechte und Verantwortungsbereiche in die Verantwortung meiner besten Mitarbeiter übergegangen sind. Das verschaffte mir die Zeit, die ich für die übergeordneten Aufgaben der Unternehmensführung, Finanzen und Strategie, brauchte und brauche. Mit diesen drei Top-Führungskräften im Rücken ist eine stabile, wachstumsbereite Unternehmung entstanden, und es sind auch Ressourcen für mich frei geworden – nicht zuletzt sogar zur Erstellung dieses Buches.

Die Rekrutierung und Entwicklung von Top-Führungskräften ist von zentraler Bedeutung. Und ich empfehle dringend, sich für die

Unternehmensspitze **starke Persönlichkeiten** mit ausgeprägtem Charakter ins Boot zu holen. Unternehmer tun gut daran, sich mit Führungskräften zu umgeben, die ihnen selbst ebenbürtig sind. Sie sollen ihren eigenen Stil haben und natürlich zum Wertesystem des Unternehmens passen. Wenn wir dieselben unternehmerischen Auffassungen haben, wenn wir uns auf gemeinsame Werte und Prinzipien verständigen und wenn alle bereit sind für die Reise zu gemeinsamen Zielen, dann kann ich loslassen und die Führung mit ihnen teilen.

Dabei betrachte ich mich als »Primus inter Pares« – als Erster unter Gleichen. Ich bin Inhaber und zugleich Teil der Führungsriege. Ich muss mich also auch zurücknehmen können, Kritik der Kollegen akzeptieren und gegebenenfalls meine Position überdenken. Für die unterschiedlichen Aufgaben im Unternehmen ist es wichtig und richtig, dass die Top-Positionen mit unterschiedlichem Blickwinkel besetzt sind.

Führungsteams auf dem Vormarsch

In einer Studie zur Führung im Mittelstand führte die Commerzbank unter 4000 Mittelständlern mit mindestens 2,5 Millionen Euro Jahresumsatz eine Befragung durch. Die Ergebnisse sprechen für sich: Nur 33 Prozent der mittelständischen Unternehmer werden von einer Einzelperson geführt. In ebenso vielen Firmen führt ein Duo, bei 17 Prozent ein Trio, 16 Prozent haben vier und mehr Chefs an

→

→ der Spitze.[10] Dabei zeigte sich auch, dass erfolgreiche Führungsteams mit unterschiedlichen Persönlichkeiten und Kompetenzen besetzt sind. Solche heterogenen Führungsteams sind Teams mit eher ähnlichen Charakteren klar überlegen.

Führen im Team kann Großartiges leisten, ist aber keineswegs ein Selbstläufer. Das musste auch ich erst noch lernen. Am Anfang waren meine beiden operativen Geschäftsführer und ich die großen »Treiber«. Wir preschten Seite an Seite voran, getrieben vom starken Willen, Kunden zu gewinnen und Wachstum zu generieren. Mit der Zeit wurde mir aber klar, dass diese »Rudelbildung« unklug ist.

Greifen wir auf die liegende Acht zurück: Wenn sich die Unternehmensspitze mit großer Leidenschaft vor allem auf *eine* Station konzentriert – in unserem Fall auf Kunden –, geraten andere Bereiche notgedrungen ins Hintertreffen, was früher oder später zu Vernachlässigungen mit daraus entstehenden Lücken führt, die wiederum Wachstum behindern.

Wenn beispielsweise der Bereich Finanzen nicht gepflegt wird, drohen dem Unternehmen Liquiditäts- und Wertverluste. Damit Wachstum gelingt, muss die Unternehmensspitze solche Engpässe aber rechtzeitig erkennen und die Lücken füllen – sie notfalls selbst beset-

10 Commerzbank AG (Hrsg.): »Frauen und Männer an der Spitze. So führt der deutsche Mittelstand«, 2011, https://www.unternehmerperspektiven.de/portal/media/unter nehmerperspektiven/up-studien/up-studien-einzelseiten/up-pdf/Studie10-Mai-2011-Frauen-und-Maenner-an-der-Spitze.pdf

zen. So sah ich es als meine Aufgabe an, den beiden Kollegen freie Fahrt zu geben und mich jenen administrativen Gebieten zu widmen, in denen ich noch wenig Erfahrung hatte, die aber genauso gepflegt werden mussten wie die Kundenkontakte.

KEINE ANGST VOR REIBUNGEN

Aufgaben in einem Unternehmen sind vielfältig und benötigen entsprechend unterschiedliche Spezialisten. Für verschiedene Bereiche braucht es Führungskräfte mit der jeweils **passenden Persönlichkeit**. Es macht einen Unterschied, ob ich eine gewissenhafte Finanzabteilung führe oder einen dominanten Betriebsleiter. Ob ich die kaufmännische Zentrale oder die produktions- und vertriebsorientierte Ländergesellschaft verantworte. Und auf welchem nationalen Markt ich agiere.

Spitzenpositionen sollten somit von vornherein mit starken und vor allem unterschiedlichen Persönlichkeiten besetzt sein. Die Vorstellung, von charakterlich sehr unterschiedlichen Kollegen umgeben zu sein, mag vielen Chefs eher unangenehm scheinen, umgibt man sich unbewusst doch am liebsten mit seinesgleichen. Dann, so der Gedanke dahinter, ist es viel einfacher, zusammenzuarbeiten und Entscheidungen zu treffen, weil alle ähnlich denken, was lange Diskussionen und größere Reibereien vermeiden hilft.

Im Freundeskreis mag Harmoniestreben am Platze sein, im Unternehmen aber ist es nicht zielführend. Wenn die gesamte Führungsspitze im Gleichschritt denkt und handelt, bleiben kritische Einwände oder abweichende Sichtweisen außen vor. Rein homogene Teams sind sicher nicht dazu geeignet, die besten Entscheidungen zu treffen.

Wenn dagegen zum Beispiel ein *Planer*, ein *kritischer Geist* und ein *Umsetzer* zusammenarbeiten, werden Reibungen unvermeidbar sein. Und das ist gut so. Sachbezogene **Meinungsunterschiede** bereichern die Qualität von Entscheidungen, sofern jeder die Einstellung des anderen respektiert. Aus der abwägenden Gesamtschau aller Positionen ergibt sich dann die bestmögliche Lösung. Nicht alle Kollegen müssen sie zu 100 Prozent gut finden, aber jeder hat seinen Beitrag dazu geleistet und Anteil daran.

LEITWÖLFE BRAUCHEN IHR REVIER

Ich erwarte von Top-Führungskräften, dass sie solche Prozesse nicht dominieren wollen. Das verlange ich auch von mir. Ja, auch ich muss im eigenen Unternehmen manchmal zurückstecken, muss meine Position argumentativ rechtfertigen und mich gegebenenfalls auch korrigieren lassen. Als Inhaber bin ich mir darüber im Klaren, dass ich mich theoretisch immer durchsetzen kann, es praktisch aber nicht muss! Und warum sollte ich die Meinung meiner Kollegen nicht respektieren oder annehmen? Schließlich habe ich sie ihrer großartigen Expertise wegen an meine Seite geholt, wo sie über Jahre hinweg entwickelt, gefördert, gefordert und damit immer besser geworden sind. Es wäre ja vollkommen unsinnig, auf den Input dieser Führungskräfte zu verzichten oder ihnen den nötigen **Freiraum** zu nehmen.

Diese »Großkaliber« sind auch deshalb an ihre Position in der Spitze des Unternehmens gerückt, weil mich ihre ausgeprägte Kompetenz und ihre Argumentationskraft überzeugt haben. Denn wer sich intern respektvoll behaupten kann, kann dies auch extern beim Kunden – zum Wohle des Unternehmens. Dafür aber braucht es Freiheiten und Vertrauen. Deshalb trete ich bewusst einen Schritt zurück und überlasse ihnen die Bühne. Nur wenn sie ihre Meinung auch einbringen und umsetzen, dadurch ihre eigenen Erfahrungen machen und Erfolge einfahren können, nur wenn ich loslasse und sie auf ihrem Weg unterstütze, können diese Führungskräfte ihr volles Potenzial entfalten und so das Unternehmenswachstum vorantreiben. Allerdings wissen sie auch um die Grenzen ihres Handlungsspielraums – zu ihrer eigenen Sicherheit und der des Unternehmens. Ich kann nur empfehlen, diese Grenzen klar zu definieren, um Orientierung zu schaffen.

DAS WISSEN UM DIE GRENZEN

Bei uns verpflichten sich die Geschäftsführer und Prokuristen auf eine Zuständigkeitsordnung, kurz GZO oder PZO (siehe Station Mitarbeiter, S. 121). Diese Vereinbarungen legen fest, in welchen Angelegenheiten die Top-Führungskräfte freie Hand haben und ab wann eine weitere Person mitbestimmen oder informiert werden muss. In der GZO und PZO sind auch Höchstbeträge, über die eigenverantwortlich verfügt werden kann, sowie Regeln für gute Unternehmenspraxis hinterlegt. Die klare Definition der **Befugnisse** von Führungskräften gibt unserer Zusammenarbeit einen sicheren Rahmen.

Solche Regeln helfen auch über einen weiteren Stolperstein bei der Führung im Team hinweg, die mangelnde **Klarheit** in der Verantwortung. Gerade weil an der Unternehmensspitze die »Leitwölfe« agieren, müssen ihre »Reviere«, also ihre Verantwortungsbereiche deutlich abgegrenzt sein. Wir haben dafür die Ländergrenzen gewählt. Jeder Geschäftsführer verantwortet die Finanzerträge (und alles, was damit in Verbindung steht) seines jeweiligen Landes. An diesen Ergebnissen lässt er sich messen (und als Folge auch vergüten). Deshalb hat er großes Interesse daran, dass seine Geschäfte gut laufen und dass sich sein Betriebsergebnis anschließend sehen lassen kann. Im Umkehrschluss heißt das dann aber auch: Als Chef des Geschäftsführers kann ich nicht einfach in seinen Kompetenzbereich hineinregieren, ohne ihm die Verantwortung für sein Ergebnis streitig zu machen.

Und was geschieht im Führungsteam, wenn die Geschäfte doch mal nicht so gut laufen, die Ergebnisse zurückgehen und das Wachstum stagniert? Wäre es dann richtig, die Verantwortlichen zur Standpauke und Erklärung der flauen Betriebsergebnisse ins Chefbüro zu zitieren? Nein – so würde ich selbst auch nicht behandelt werden wollen. Da ich ihnen grundsätzlich Erfolg zutraue und ihnen vertraue, vermittle ich ihnen in solch einem seltenen Fall, dass sich die Lage derzeit zwar als unerfreulich darstellt, ich sie aber auf jeden Fall für die Richtigen halte, sie zu korrigieren. So geschehen in der folgenden Situation.

DIE PLUS-MINUS-PLUS-TAKTIK

In einem Geschäftsjahr fiel unser Betriebsergebnis in einem solchen Maße, dass ich mich veranlasst sah, zu reagieren. Ich lud meine beiden Geschäftsführer aus Österreich und Deutschland zu einem Treffen am Stuttgarter Flughafen ein. Mit dieser bewusst neutralen Ortswahl außerhalb der Zentrale signalisierte ich den Kollegen im Vorfeld, dass es sich um einen besonderen Anlass handelte, und zeigte dem österreichischen Geschäftsführer außerdem freundliches Entgegenkommen, da seine Anreise nur etwa halb so viel Zeit in Anspruch nahm wie bei einem Besuch in Karlsruhe.

Das Gespräch eröffnete ich mit einem Rückblick auf den positiven Geschäftsverlauf der vergangenen Jahre. Mit dieser »Plus-Botschaft« vermittelte ich meinen Kollegen, dass ich sehr wohl wusste, wie erfolgreich sie ihre Geschäfte in der Vergangenheit geführt hatten. Damit konnte ich sie für die anstehende Kritik öffnen. Im nächsten Schritt konfrontierte ich sie mit der »Minus-Botschaft«, ihren aktuellen Betriebsergebnissen und fragte sie, was ihrer Ansicht nach jetzt zu tun sei. Jeder brachte seine Ideen ein, stellte bereits eingeleitete Maßnahmen vor, und wir beschlossen weitere Aufgaben und Ziele. Bevor wir auseinandergingen, sprach ich den Geschäftsführern als abschließende »Plus-Botschaft« mein Vertrauen aus: »Ich bin sicher, dass ihr das Schiff wieder auf guten Kurs bringen werdet. Ihr habt es in den vergangenen Zeiten geschafft, ihr werdet es auch zukünftig schaffen!«

Die Plus-Minus-Plus-Taktik folgt einem einfachen, aber wirkungsvollen Prinzip, das dem Denken des Teams eine klare Richtung gibt: »Wir waren gut, sind gerade schlechter geworden, aber werden wieder gut!« Diese **konstruktive Art der Kritik** ist lösungsorientiert und nicht schuldzuweisend. Sie findet so gut wie immer Gehör! Und das Beste: Sie stärkt auch das Selbstbewusstsein der Gesprächspartner, was ihnen hilft, aus der Talsohle wieder herauszukommen, und die Handlungsbereitschaft stärkt.

②
Das
N.-N.-Prinzip

Lücken zu besetzen ist Chefsache

Vor noch nicht allzu langer Zeit konnte der Chef einfach nur Chef sein. Er besetzte sich selbst für die Hauptrolle im Unternehmen, agierte auf seinen Lieblingsbühnen und setzte seinen Willen durch. In kleinen Firmen mag das heute noch so sein und vielleicht sogar funktionieren. In wachsenden Unternehmen aber stößt dieses Modell früher oder später an seine Grenzen. Wenn das Geschäftsvolumen zunimmt und sich die Struktur der Firma erweitern muss, werden sich unvermeidlich auch **personelle Lücken** auftun. Dies muss ich als Führungskraft rechtzeitig erkennen und die Lücken schließen, indem ich die offenen Positionen besetze. Und wenn niemand anderes dafür infrage kommt, bin ich derjenige, der diese Rolle vorübergehend übernimmt. Auch wenn ich sie eigentlich lieber delegieren würde.

Wie bereits erwähnt, habe ich mich aus einigen meiner lieb gewonnenen Tätigkeitsbereiche zurückgezogen und sie meinen Top-Führungskräften überantwortet. Hatte ich im Unternehmen bis dahin vor allem operativ, also **im Unternehmen** gearbeitet, verlagerte sich mein Schwerpunkt nun auf die Arbeit **am Unternehmen**: auf die Koordination der Ländergesellschaften und der Zentrale, auf strategische Überlegungen zur Weiterentwicklung, auf die Beobachtung und Reaktion auf Trends und Marktbedingungen sowie auf die Entwicklung der Finanzen, kurz: auf das gesunde Wachstum des Unternehmens selbst.

Dass viele dieser Tätigkeitsbereiche maßgeblich sind für das Vorankommen des Unternehmens, leuchtete mir ein. Zumal es sich dabei um Aufgaben handelt, die per se spannend und zukunftweisend sind. Aber welch gewichtige Rolle die eher blass anmutende Analyse, Planung und Überwachung der Finanzen für das Unternehmenswachstum spielen, musste ich erst noch in voller Tragweite verstehen. Dennoch führte kein Weg daran vorbei, diese Lücke zu besetzen und mich intensiver mit dem Zahlenwerk des Unternehmens und seiner Liquidität zu beschäftigen.

Einer musste es tun! Und mit der Zeit ist mir bewusst geworden, dass die beste Besetzung für diese Rolle der Unternehmer selbst ist. Schließlich geht es dabei um die vorrangige Aufgabe, für das erfolgreiche Wirtschaften des Unternehmens zu sorgen, ein Bereich, der mich heute sehr fasziniert (siehe Station Finanzen, S. 212).

FÜHREN MIT DEMUT

In diesem Sinn verstehe ich meine Führungsrolle als Dienst am Unternehmen. Führung dient dem Wachstum des Unternehmens und der Entwicklung der Mitarbeiter.

Führen mit Demut nenne ich das. Demut bezeichnet laut Definition die Bereitschaft, etwas **Notwendiges** als gegeben hinzunehmen und nicht darüber zu klagen. Und sich von der Anmaßung seiner eigenen Wichtigkeit zu befreien. Übertragen auf die Führungsrolle bedeutet das für mich: Die Führungsspitze muss bereit sein, vakante Rollen anzunehmen, auch wenn sie zunächst nicht der eigenen Wunschvorstellung entsprechen.

Eine Top-Führungskraft zeichnet sich durch die Haltung aus, ihre persönlichen Interessen oder Vorlieben zum Wohl des Unternehmens in den Hintergrund zu stellen. Und gegebenenfalls sogar in der Hierarchie eine Stufe tiefer zu gehen, wenn die Umstände es verlangen. Das nenne ich Mut zum Dienen! Diese Haltung hat unser für alle Deutschland-Standorte verantwortlicher Geschäftsführer vorbildlich unter Beweis gestellt. Davon erzählt die folgende Episode aus unserem Unternehmen:

TAUSCHE HAUPTROLLE GEGEN GASTAUFTRITT

Unser Regionalmanager Nord hatte seinen Abschied schon lange angekündigt. Weil sein Nachfolger nicht rechtzeitig zur Verfügung stand, konnte die Position nicht nahtlos nachbesetzt werden. Kurzerhand entschied sich also der Geschäftsführer dazu, selbst diese Lücke übergangsweise zu besetzen. Er schlüpfte mit großem Enthusiasmus in diese Rolle und hat sich, neben der Gesamtverantwortung als Geschäftsführer voll und ganz mit der Position des Regionalmanagers identifiziert. Die positive Einstellung ist entscheidend. Statt eine lästige Pflicht darin zu sehen, können solche Rollenwechsel sogar als gute Gelegenheit für Lernprozesse und Verbesserungen genommen werden.

Wenn Führungskräfte »ein Stockwerk tiefer« einspringen, bekommen sie **erhellende Einblicke** in diese Bereiche, ein besseres Verständnis für die Abläufe dort und mehr persönliche Kontakte mit Menschen, denen sie sonst nur selten begegnen. Außerdem können sie frischen Wind hineinbringen und aufarbeiten, was vielleicht liegen geblieben ist.

Das erweitert den Horizont der Führungskraft und tut gleichermaßen dem Unternehmen gut. Zudem kennt sie das genaue Anforderungsprofil dieser Stelle nun aus eigener Praxis und kann bei der Auswahl des Kandidaten besser entscheiden.

Wachsende Unternehmen werden immer wieder vor der Aufgabe stehen, personelle Lücken zu füllen. Als Führungskraft muss ich dafür sorgen, dass dies mit aller Sorgfalt geschieht. Es ist eine sehr wichtige Arbeit, und nicht etwas, das nebenbei geschehen darf. Statt auf die Schnelle eine Notbesetzung zu wählen, nehme ich mir lieber Zeit, den **besten Kandidaten** auszusuchen (siehe Station Kunden, S. 65). Wie gesagt, auch wenn das unter Umständen sogar bedeutet, dass ich vorerst selbst für diese Aufgabe einspringe – zum Wohl des Unternehmens.

Wer indessen aus Angst vor der personellen Lücke eine Stelle mit einem Kandidaten zweiter Wahl besetzt, wird eher früher als später mit diesem Zweitbesten nicht zufrieden sein und ihn wieder kündigen. Dann wurden ein oder mehrere Monatsgehälter in den Wind geblasen und die Mitarbeiter mit einem neuen Kollegen irritiert, der kam und wieder ging. Und es bleibt, was eigentlich verhindert werden sollte, nämlich weiterhin eine vakante Stelle.

Wenn Sie sich aber **genügend Zeit** nehmen für die sorgfältige Auswahl von neuen Mitarbeitern, und vor allem von Führungskräften, dann werden Sie jahrelang deren Beitrag zum Erfolg Ihres Unternehmens zu schätzen wissen. Die bewusste Entscheidung, sich Zeit zu nehmen, erlaubt Ihnen, sich loyale und engagierte Mitarbeiter ins Haus zu holen, die dem Unternehmen langfristig verbunden bleiben und mit denen Sie dauerhaft zufrieden sein werden. Diese Mitarbeiter kennen das Unternehmen, bauen dauerhafte Verbindungen zu Kunden auf und können ernten, was sie säen.

»Ich muss in den Menschen hineinschauen können«

Interview mit dem operativen Geschäftsführer Deutschland und Schweiz über die wichtigsten Fähigkeiten von Top-Führungskräften.

Wie gelingt es einer Führungskraft, die richtigen Personalentscheidungen zu treffen?

»Das ist in der Tat eine der anspruchsvollsten Fähigkeiten, die ein Geschäftsführer haben muss, sonst ist er für seine Aufgabe nicht geeignet. In erster Linie braucht man dafür sehr gute Menschenkenntnis. Ich muss in den Menschen, der sich um eine Stelle bewirbt, hineinschauen können, muss zum Beispiel einschätzen können, ob er teamfähig und hoch motiviert ist. Allerdings darf ich mich von einem Kandidaten, der sich bei der Vorstellung als Super-Performer darstellt, nicht blenden lassen. Im Arbeitsalltag wird er dieses Versprechen oft nicht halten können. Außerdem muss ich mutig genug sein, Bewerber einzustellen, die vielleicht nicht die besten Zeugnisse vorweisen können, aber ansonsten perfekt für die vakante Stelle geeignet sind.«

Das Führen im Team hat in Ihrem Unternehmen einen hohen Stellenwert. Wie gelingt es, dass alle an einem Strang ziehen?

$\rightarrow$

→ »Das gelingt, weil wir greifbare und transparente Ziele haben, hinter denen alle stehen. Außerdem pflegen wir einen engen Zusammenhalt und helfen uns gegenseitig, Probleme zu lösen. Drittens funktionieren wir als Gruppe sehr gut, weil sich keiner über- oder unterlegen fühlt. Wir denken da in sehr flachen Hierarchien.«

Kann man lernen, eine gute Führungskraft zu werden?
»Als ich 2001 ins Unternehmen kam, hatte ich nur wenig Erfahrung in dieser Rolle. Ein Jahr später wurde ich Geschäftsführer einer Gesellschaft, und im Laufe der Jahre habe ich Führungsverantwortung für immer mehr Standorte übernommen. Ich glaube schon, dass man Führung lernen kann, vorausgesetzt allerdings, man hat neben starkem Willen auch ein Talent dafür. Das ist wie bei Tennisspielern. Sie brauchen Ballgefühl. Sonst werden sie auch nach Hunderten von Trainerstunden keine exzellenten Spieler sein. Genauso wenig beheben noch so viele Führungsseminare das fehlende Führungstalent eines Mitarbeiters. Für angehende Führungskräfte gilt: Die grundsätzliche Eignung des Kandidaten muss passen. Ist er jemand, der steuern und Entscheidungen treffen will? Ist er klar und offen in der Ansprache? Ist er dabei fair und verlässlich? Ist er lösungsorientiert und will er Erfolge für das Unternehmen erzielen? Alle diese Fähigkeiten stoßen bei den Mitarbeitern auf hohe Akzeptanz.« →

→ **Sollte man als Führungskraft auch Vorbild sein?**
»Das ist heutzutage durchaus nicht unumstritten, aber ich
finde, auch Vorbild zu sein ist eine sehr wichtige Fähigkeit
der Führungskraft. Ich selbst möchte als vorbildlich wahrgenommen werden, als jemand, der sich mit hohem Ar-
beitseinsatz für das Unternehmen engagiert, der fair und
respektvoll mit den Mitarbeitern umgeht. Und der mit
Kunden fachlich auf Augenhöhe spricht, ein angenehmer
Gesprächspartner ist und bei aller Orientierung an den
Kundenwünschen die Interessen des eigenen Unternehmens
vertritt.«

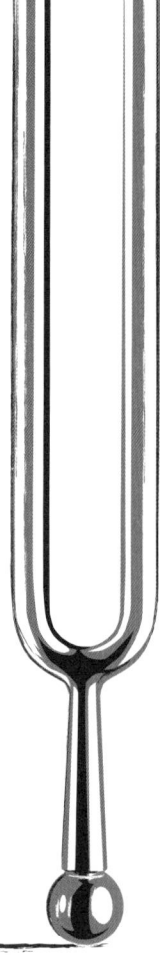

(3)

Das Stimmgabel-Prinzip

Führungskräfte als Vorbild und Vorreiter

»Bin ich denn von lauter Idioten umgeben?« Auch ich habe mich mitunter dabei ertappt, so zu denken. Warum ärgere ich mich über Menschen, die mich umgeben? Wer hat sie eigentlich ausgesucht und ausgebildet? Welche Niete muss ich mir einmal vorknöpfen, die dafür verantwortlich ist, dass solche Mitarbeiter überhaupt bei uns beschäftigt sind? Die Antwort dürfte klar sein: Die Niete bin ich selbst!

Wenn ich mich über meine Mitarbeiter beschwere, kann ich mich gleich an mich selbst wenden und mit mir ins Gericht gehen. Ich habe sie ausgesucht. Ich habe sie eingestellt. **Ich trage die Verantwortung** dafür, nicht nur von ihnen zu fordern, sondern sie wissend zu machen, sie besser werden und sich entfalten zu lassen, ihnen Aufgaben zu geben, an denen sie wachsen können. Kurz: sie zu fördern.

Als Führungskraft sollte mir bewusst sein, dass meine Haltungen, meine Urteile, mein Menschenbild auf alle Mitarbeiter abfärben. Wenn ich sie für unfähig halte, werde ich ihnen keine herausfordernden Tätigkeiten übertragen, sie nicht eigenständig entscheiden lassen und ihnen keine Anerkennung zollen. Im Umkehrschluss heißt das: Die Mitarbeiter können kaum Kompetenzen entwickeln, kein Selbstvertrauen aufbauen und werden wenig erfolgreich sein. Das wiederum würde mein negatives Bild von ihnen bestätigen und ich werde ihnen in Zukunft noch weniger zutrauen. Ein Teufelskreis. Betrachte ich sie aber grundsätzlich als **leistungsfähige, entwicklungsbegabte** und **entwicklungswillige** Menschen und tue ich mein Möglichstes, sie zu fördern, dann werden sie meine Erwartung mit sehr großer Wahrscheinlichkeit auch erfüllen.

Vorgefasste Menschenbilder bestätigen sich durch unser eigenes Zutun oder Nichtstun. Diese Erkenntnis ist sogar wissenschaftlich bestätigt:

Der Pygmalion-Effekt

Der US-amerikanische Psychologe Robert Rosenthal untersuchte 1965, welchen Einfluss die Erwartungshaltung von Lehrern auf die Leistung der Schüler hat. Er stellte den Lehrern einer Grundschule in Aussicht, mit einem Test jene 20 Prozent der Schüler zu ermitteln, die ein großes, aber noch schlummerndes Leistungspotenzial haben. In Wirklichkeit aber unterzog er die Schüler einem klassischen Intelligenztest. Anschließend ermittelte er die vermeintlich besonders begabten Schüler einfach per Los und informierte die nichts ahnenden Lehrer über seine Ergebnisse.

Nach einiger Zeit führte Rosenthal den gleichen IQ-Test erneut durch. Und es zeigte sich, dass genau die Schüler, von denen die Lehrer annahmen, sie gehörten zu den 20 Prozent Potenzialträgern, tatsächlich ihre **Leistungen steigern** konnten – und zwar um signifikante 20 bis 30 Punkte. Warum? Nur weil sie von den Lehrern intensiv gefördert wurden. Dieser Effekt der sich selbst erfüllenden Prophezeiung ist nach dem antiken Bildhauer Pygmalion benannt, der der Sage nach eine ideale Frauenfigur aus Elfenbein formte und

$\rightarrow$

→ sich so heftig in sie verliebte, dass die Skulptur schließlich lebendig wurde.

Führungskräfte sollten sich den Pygmalion-Effekt also zum eigenen Vorteil bewusst machen: Wir formen andere nach dem Bild, das wir uns von ihnen machen. Negative Erwartungen erzeugen Minderleistung, positive Erwartungen hauchen Leben ein, das zu Hochleistungen führt.

WELCHER TON GIBT DEN TON AN?

Führungskräfte stehen unter ständiger Beobachtung der Mitarbeiter. Alles, was sie sagen und tun, hallt mit großer Verstärkung im Unternehmen nach. Ein Mitarbeiter etwa schnappt in der Teeküche die abfällige Bemerkung seiner Führungskraft auf: »Die Schweizer machen wieder ihr eigenes Ding.« Und schon fühlen sich alle nicht schweizerischen Mitarbeiter eingeladen, auf die Kollegen im Nachbarland zu schimpfen. Vielleicht hatte sich der Vorgesetzte nur über einen einzelnen Vorfall geärgert, doch bei den Mitarbeitern verstärkt sich dies zu einem negativen Pauschalurteil.

Führungskräfte haben eine sehr hohe Multiplikatorwirkung, deshalb sollten sie ihre Kommunikation sehr bewusst ausrichten. Vor allem bei negativen Urteilen gilt für mich das **Primat der Zurückhaltung**. Diskreditierungen und Vorwürfe verbreiten sich wie ein Lauffeuer im Unternehmen und versetzen die gesamte Belegschaft in Abwehrhaltung.

Gerade im eigenen Unternehmen sollte man die Kraft nicht für ein Tauziehen vergeuden, sondern besser an einem Strang ziehen. Es gibt genügend Kräfte von außen, gegen die es sich zu behaupten gilt. Da sollte der **Zusammenhalt** intern gepflegt und vorgelebt werden. Offene und häufige Kommunikation ist hierfür das Mittel der Wahl (siehe Station Prozesse, S. 179). Unterschiedliche Meinungen darf es durchaus geben, sie sollten aber immer konstruktiv im Wettstreit ausgefochten werden. Auch hinter Entscheidungen, die im Gremium der Geschäftsleitung nicht einstimmig getroffen werden, steht das Führungsgremium geschlossen. Damit leben wir den Mitarbeitern vor, es uns gleichzutun.

Dieses Prinzip gleicht der Funktion der Stimmgabel in einem Orchester: Sie gibt den einheitlichen Kammerton vor, auf den die Musiker ihre Instrumente einstellen. Ohne die einheitliche Stimmtonhöhe gäbe es keine gemeinsame Intonation und so kein reines, wohlklingendes Zusammenspiel.

BESSER VORMACHEN ALS VORSCHREIBEN

Das vorbildhafte Verhalten der Führungskraft hat im Unternehmen starke Strahlkraft – nicht nur, aber besonders wenn es um Werte geht. Das beginnt schon mit Kleinigkeiten. Wenn ich sehe, dass der Wind einige Blätter ins Foyer geweht hat, dann hebe ich sie auf. Ich bücke mich danach – nicht *obwohl*, sondern *weil* ich der Chef bin. Eine Geste, die für alle sichtbar zum Ausdruck bringt, wie wichtig mir Sauberkeit und Ordnung im Unternehmen sind.

Die Werte des Unternehmens, die Formen des Umgangs miteinander – sie stehen und fallen mit dem Verhalten der Führungskraft.

Wenn sich Werte unternehmensweit etablieren sollen, kann das nur gelingen, wenn sie von der Chefetage vorgelebt werden. Denn Vormachen erweist sich so gut wie immer wirkungsvoller als Vorschreiben.

Ich gehe als Chef mit gutem Beispiel voran und zeige den Mitarbeitern, welche Haltung ich von ihnen erwarte. Mit erzieherischen Maßnahmen hat diese Vorbildrolle nichts zu tun. Aber mit Resonanz und Berechenbarkeit. Im Englischen sagt man: *Walk the talk*. Lebe vor, was du sagst. Dann und nur dann sind die Mitarbeiter bereit, ihrer Führungskraft als Vorbild zu folgen. Weil die Unternehmensleitung ihre **richtungsweisende Autorität** als Tonangeber glaubwürdig unter Beweis stellt und sie im Gegenhall die Akzeptanz und das Vertrauen der Mitarbeiter erwirbt. (⬈ siehe Abb. 19 – *Studie Vorbildfunktion*)

Man muss es jedoch auch nicht übertreiben und sich immer und überall als Inbegriff der Tugendhaftigkeit verhalten. Auch für Vorbilder gilt: **Nobody is perfect**. Sie dürfen Mensch sein, Fehler machen, zu ihren Fehlern stehen, Gefühle zeigen. Perfektionismus kommt weniger gut an, wohl aber eine **authentische Persönlichkeit**, die sich auch als Vorbild unverkrampft verhält.

PRAXISTIPP

Wir haben eine kleine Karte entworfen, die wir unseren Führungskräften bei Trainings oder Schulungen an die Hand geben. Damit können sie sich selbst vergewissern, ob und wie ihr Verhalten im Sinne unserer zehn Leitsätze →

→

stimmig ist. (↗ siehe Abb. 20 – *Zehn Leitsätze für Führungs-kräfte*)

- Ich übernehme **Verantwortung** für meine Mitarbeiter und ihre Ergebnisse.
- Ich lebe **Loyalität** zur Firma, den Kollegen und zu Entscheidungen des Führungsteams.
- Ich arbeite ergebnisorientiert, schaffe Lösungen und erziele **Resultate.**
- Ich fördere meine Mitarbeiter und entwickle ihr **Potenzial** – so schaffe ich mir Freiraum für neue Aufgaben.
- Ich definiere klare Kompetenzen und mache **Entscheidungen** transparent.
- Ich bin **Vorbild** und entwickle meine Führungsqualitäten weiter.
- Ich sorge für gutes **Betriebsklima** und Mitarbeiterbindung.
- Ich gebe konstruktives **Feedback** durch Lob, Kritik sowie Fragen.
- Ich führe **Kritikgespräche** unter vier Augen und bleibe dabei sachlich.
- Ich verpflichte mich zu Ehrlichkeit und Offenheit und orientiere mich an den PS-**Werten.**

BEREITSCHAFT ZUM WACHSTUM

Jetzt bleibt noch die Frage zu beantworten, wie gelungenes Unternehmenswachstum mit der Vorbildfunktion von Führungskräften zusammenhängt. Wenn Führungskräfte ganz allgemein gesagt Werte und Verhaltensweisen wie Leistungswille, Lernbereitschaft, Offenheit, Loyalität, Gemeinschaftsgeist in das Unternehmen tragen, fördern sie sein gesundes Wachstum. Und wenn sie ihren **Willen zum Wachstum** selbst äußern, kann dies überall im Unternehmen Widerhall finden.

Das aber ist keine Selbstverständlichkeit. Nicht wenige Mitarbeiter stehen dem Unternehmenswachstum skeptisch gegenüber. Weil Wachstum mit Mehrarbeit, mit Veränderungen und Verzicht von lieb gewonnenen Gewohnheiten assoziiert wird.

Wir haben also die Aufgabe, zu erklären, welche **Vorteile** auch der einzelne Mitarbeiter durch das Wachstum seines Unternehmens hat: dass Größe kein Selbstzweck ist, sondern Wachstum uns unabhängiger von einzelnen Kunden, Regionen oder Branchen macht. Dass es uns Selbstbewusstsein gibt und im Markt stärker macht. Kurz: dass Wachstum der Gesundheitsvorsorge des Unternehmens dient, damit wir den Mitarbeitern auch in Zukunft stabile und attraktive Arbeitsplätze bieten können.

Führungskräfte können diese Vorteile kraft ihrer **Multiplikatorrolle** im gesamten Unternehmen verbreiten und alle Mitarbeiter mitziehen. Damit Wachstum als Wille, Wunsch und Weg den Ton angibt, auf den sich das gesamte Unternehmen einstimmt.

Das Leuchtturm-Prinzip

*Visionen schaffen
Sinn und Antrieb*

Gehen wir noch einmal zurück zu dem Bild vom Steuermann im Ruder-Achter. Er allein blickt in Fahrtrichtung des Ruderbootes, auf das, was die Ruderer selbst nicht sehen können. Genau darin sehe ich eine der obersten Aufgaben der Unternehmensspitze: den Blick in die Zukunft zu richten und eine **Vision** zu entwickeln, in welche Richtung es gehen soll. Als ein Steuerungsinstrument zur Richtungsweisung. Sie ist der Leuchtturm, auf den die Mitarbeiter ihr Handeln und ihre Entscheidungen ausrichten.

Wer will schon ziel- und planlos vor sich hinarbeiten? Viel spannender ist es doch, seine Arbeit auf eine zukunftsweisende Idee auszurichten. Und viel erfüllender das Gefühl, einen Beitrag zum Erreichen dieses Zukunftsziels zu leisten. Gerade in Wachstumsphasen dient die Unternehmensvision auch als eine Art **Leitplanke**, die alle Mitarbeiter weiterhin in die gleiche Richtung lenkt. Für die Mitarbeiter hat diese Zielklarheit aber noch einen weiteren Vorteil. Sie vermittelt ihnen **Stabilität** und gibt ihnen das gute Gefühl, in einem Unternehmen zu arbeiten, das mit vereinten Kräften auf eine attraktive Zukunft hinzielt. Auch deshalb sind die Ausarbeitung der strategischen Unternehmensausrichtung und deren unternehmensweite Kommunikation mit die relevantesten Aufgaben der Führungsspitze. Um den Mitarbeitern **Zukunftsmut** zu vermitteln und sie überzeugt auf dem Wachstumskurs mitzunehmen!

FÜNF IST TRUMPF

Ich halte nichts von der Auffassung, eine Vision dürfe kein Umsetzungsdatum haben, sie sei sozusagen »lebenslang« für das Unternehmen gültig. Das gilt aus meiner Sicht für die Grundwerte, die eine unumstößliche andauernde Kraft und insofern stets Bestand haben. Aber nicht für eine Vision, die für mich auch viel zu wertvoll ist, als dass ich sie als etwas nie Erreichbares formulieren würde. Eine Vision ohne Ablaufdatum würde ja nur auf den reinen Fortbestand des Unternehmens abzielen können. Aber als motivierende Zugkraft mit klarer Ausrichtung taugt sie in dieser Form nicht wirklich. Für meine Begriffe soll eine Vision weitsichtig, aber dennoch **greifbar** und **erlebbar** sein. Ein attraktives Bild des Unternehmens in einer nicht allzu fernen Zukunft.

Es ist eine meiner strategischen Aufgaben, unseren Mitarbeitern alle fünf Jahre dieses Bild von unserer gewünschten Unternehmenszukunft zu geben. Die Grundlagen dafür erarbeite ich gemeinsam mit meinen Geschäftsführern. Dies nun schon zum vierten Mal.

Nach unserer Entwicklung gefragt, habe ich einst damit begonnen, rückwirkend die durch eine jeweilige Vision geprägten Etappen in nummerierte Phasen zu fassen. Das schafft Struktur und Orientierung für den Rück- und den Ausblick. Ab der zweiten Phase hat jede auch einen Namen erhalten. (↗ siehe Abb. 21 – *Entwicklungsphasen*)

- **Phase 0** – (1996–2001) die Zeit meines Einstiegs, des Lernens und Aufbaus, zudem 100 Prozent Umsatzplus.
- **Phase 1** – (2002–2006) die Zeit nach Einstellung der beiden zukünftigen Länderchefs, geprägt von der Lust, zu wachsen, durch neue Standorte und die Internationalisierung nach Österreich.
- **Phase 2** – (2007–2011) unsere erste bewusste »Vision 2011« mit einer Verdoppelung des Umsatzes und konkretem Wachstum von Standorten, Kunden und Mitarbeitern.
- **Phase 3** – (2012–2015) eine Konsolidierungsetappe (»NEBUKA« genannt) mit Prozessthemen, Kompetenzausbau, neuen engagier-

ten Fach- und Führungskräften und dem Weg in die Schweiz. Verkürzt um ein Jahr, da wir wieder Fahrt aufnehmen konnten und wollten.

- **Phase 4** – (2016–2020) ein solides und auch qualitatives **W**achstum mit Faktoren des **E**rlebens und **G**estaltens unter dem Motto »WEG 2020«.
- **Phase 5** – (2021–2025) die Fit-for-future-Initiative »Exped 25« mit einer Dynamisierung von Leistungsangeboten und Team.

Warum wähle ich einen **Fünf-Jahres-Zyklus** für neue Weichenstellungen in die Zukunft? Diese Zeitspanne war in Phase 0 und 1 zunächst eher Zufall. Es brauchte nach meinem Einstieg etwa fünf Jahre, bis ich bereit für einen wichtigen Schritt war, nämlich durch die Erweiterung der Führungsmannschaft neue Impulse ins Haus zu holen. Damit begann eine nächste Fünf-Jahres-Phase mit Wachstum. Inzwischen bin ich überzeugt, dass dieser Erneuerungsturnus ein Erfolgsgarant für unsere Geschäftsentwicklung ist. Seit 2006 ist er gesetzt.

Ich denke überdies, dass er auf viele andere Unternehmen übertragbar ist. Fünf Jahre sind ausreichend lang für die Vorbereitung und die Umsetzung von Maßnahmen. Damit haben auch die Mitarbeiter eine verlässliche **Perspektive**. Sie wissen, dass sich das Unternehmen die nächsten fünf Jahre am Markt behaupten will und attraktive Ziele hat. Der Fünf-Jahres-Zyklus gibt Planungssicherheit und einen stabilen Rahmen für den Weg in die Zukunft. Er ist wie ein Leuchtfeuer, an dem wir uns bei jeder Entscheidung im Alltagsgeschäft orientieren können. Und das Beste daran ist: Wir können es schaffen, nach fünf Jahren diese visionäre Vorstellung gemeinsam zu erreichen.

Eine Vision ist für mich keine bloße Worthülse, sondern liefert ganz konkrete Antworten auf die Frage: Welches Bild haben wir von uns und unserem Unternehmen in fünf Jahren? Welche Wirtschaftsentwicklungen werden unser Unternehmen betreffen? Welche spezifischen Themen aus unserer Organisation werden uns in den nächsten fünf Jahren leiten? Und welche **Ziele** wollen wir in diesem Zeitraum erreichen?

WO ENTSTEHEN VISIONEN?

Zur Erarbeitung einer Vision gehört für mich die passende Umgebung – ein ruhiges, kreatives Ambiente jenseits der Alltagshektik, das Zukunftsgedanken freien Raum lässt. Als ich einmal gefragt wurde, ob man das nicht auch weniger aufwendig gestalten kann, habe ich erwidert: »Ja, sicherlich. Doch wenn wir mit unseren Führungskräften attraktive, zukunftsweisende Visionen entwickeln, brauchen wir dafür auch den **inspirierenden Ort**.«

Das Auge entwickelt mit: Daher bleibt nichts dem Zufall überlassen. Ein solcher Ort (meist ein Tagungshotel) muss unbedingt vorher inspiziert werden. In Erinnerung sind mir da unsere Strategietage auf Mallorca. Flüge dorthin waren nicht teurer als Inlandsflüge, auch die Hotelkosten lagen nicht höher als hier. Nur muss man wissen, dass in südlichen Ländern Tagungen meist in Untergeschossräumen oder dunkleren Hinterhofbereichen stattfinden. Darum wählte ich ein Hotel aus, das bereit war, für uns einen hellen ebenerdigen Raum (ein Weinseminarzimmer) zum Tagungsraum umzufunktionieren.

Doch bevor wir uns mit der Unternehmenszukunft beschäftigen sollten, machten wir vier Geschäftsführer uns auf zu einem gemeinsamen kurzen Segeltörn. Eine 15 Meter lange Dufour mit vier Kabinen war unser »Hotel« für die kommenden Tage. Sie vermittelte genau das, was mir in diesem Moment wichtig war: Wir sitzen **zusammen in einem Boot**, ziehen an einem Strang und jeder verlässt sich auf den anderen. Nur so kommen wir voran und erreichen zielstrebig und heil unser Ziel. Und an Bord gilt das »Du«, das wir auch später im Geschäftsalltag beibehielten.

Nach zwei Tagen in schmalen Kajüten, bei selbst gekochter Pasta und guten Gesprächen gingen wir entspannt und befreit von den Routinen des Geschäftslebens an Land. Wir waren voller Ideen und Impulse aus der intensiven Zeit auf See. Nun begann die eigentliche Strategiearbeit. Im Tagungshotel am Hafen von Palma belegten wir zusammen mit den angereisten Beiräten die einstige Weinstube – ein Raum mit schönem Ausblick, die bestmögliche Umgebung für kreatives Denken. Strukturiert und geleitet von einem Moderator widmeten wir uns dem Bild von morgen. Wo soll unsere Firma in fünf Jahren stehen? Welche Leitplanken gelten auf unserer Reise dorthin? Die Flipcharts füllten sich mit unseren Vorstellungen zur Unternehmenszukunft: Was wünschen wir uns für unsere Firma? Was wollen wir selbst erreichen? Was müssen wir unbedingt tun in dieser neuen Fünf-Jahres-Phase?

In der Pause machten wir es uns in den Lounge-Sesseln auf der Terrasse bequem, schauten auf den Hafen und die Kathedrale und ließen die Gedanken fließen. Zurück im Tagungsraum herrschte dann wieder höchste Konzentration. Wir formulierten die strategische Richtung unserer Unternehmenszukunft also gemeinsam. Aufgabe war es anschließend, unsere gesammelten Wünsche, Ideen und Ziele zusammenzufassen. Wir sortierten sie unter zehn Oberbegriffe, die wir später auf drei reduzierten, unter denen jeweils eine Vielzahl von Einzelzielen und Bildern stand. Aus diesem Zukunftsentwurf leiteten wir schließlich eine überschreibende griffige Formel ab: Für den Zyklus der nächsten fünf Jahre lautete sie **W**achsen – **E**rleben – **G**estalten. Unsere Vision war geboren: **WEG** 2020!

KLAREN KURS FAHREN

Für eine Fünf-Jahres-Periode formulieren wir immer drei bis fünf Ziele als fokussierte, erreichbare und motivierende Leitpfosten. Unseren WEG 2020 in der »Phase 4« koppelten wir also mit genau **vier** übergeordneten Zielen:

4   neue Dienstleistungen in unserem Portfolio,

4   Qualitätszertifikate als Anerkennung von außen,

4.   Land mit einem Standort neben Deutschland, Österreich und der Schweiz,

40   Prozent Umsatzzuwachs.

Die gesamte Geschäftsleitung hatte ihren Beitrag zur Formulierung geleistet, alle waren Urheber der Botschaft und standen dahinter! Das ist unglaublich wichtig, denn diese Ziele und Rahmen begleiten uns fünf Jahre und dürfen dann nicht infrage gestellt oder boykottiert werden.

Gut formulierte und präsentierte Visionen erleichtern die **Führungsarbeit** ungemein. Sie üben eine geradezu magnetische Zugkraft aus, die das gesamte Unternehmen in die gleiche Richtung zieht. Sie sind gewissermaßen der rote Teppich, auf dem wir die nächsten Jahre schreiten. So waren Ende 2019 drei von vier Zielen bereits errreicht.

Ein Bild sagt bekanntlich mehr als tausend Worte. Und ein einprägsames Bild stärkt die Aufmerksamkeit und sorgt für Erinnerung an seine Aussagen. Deshalb geben wir unseren Fünf-Jahres-Visionen griffige, bildhafte Namen, die leicht zu merken und zu kommunizieren sind. Diesen Grundsatz einmal nicht beachtet (wir haben in unserer Phase 3 das Kunstwort NEBUKA gewählt), wussten die Mitarbeiter schon ein Jahr nach Verkündung nichts mehr von der genauen Absicht und den dahinterliegenden Zielen. Ich habe daraus gelernt!

Mit WEG 2020 und den Zielen 4 x 4 haben wir ein einprägsames Bild dafür gefunden. Dies haben wir auf kleinen laminierten, beidseitig bedruckten Kärtchen festgehalten und sie als Begleiter für diese Fünf-Jahres-Phase an die Führungskräfte ausgegeben. Als kleine wirksame Erinnerung an die gesteckten Ziele. (⬀ siehe Abb. 22 – *WEG-2020-Karte*)

Vision kommt von *videre*, lateinisch für sehen – auch deshalb halte ich das wiederholte **Sichtbarmachen** unserer Strategien und Ziele für essenziell.

ALLTAGSTAUGLICHKEIT VON ZIELEN UND VISIONEN

Für Führungskräfte und Mitarbeiter bedeutet die Vision und ihre daraus abgeleiteten Ziele eine praxistaugliche Alltagshilfe. Sie haben im Hinterkopf, wohin sich das Unternehmen entwickeln will, und können ihre Entscheidungen eigenständig daran ausrichten. Wenn etwa ein Ziel (wie in unserer Vision 2011) »4 neue Standorte« lautet, und es tut sich die Gelegenheit auf, in einer neuen Region einen Betrieb zu eröffnen, dann fällt die Entscheidung für die Investitionen hierfür nicht schwer. Bei uns setzte das Ziel »4 neue Dienstleistungen« so viel Energien frei, dass wir sogar eine neue Firma aufbauen konnten (siehe Station Kunden, S. 60). Und im Falle der Einstellung einer neuen Führungskraft entschieden wir uns für diejenige Kandidatin, die uns beim Ziel »4. Land als Unternehmensstandort« weiterbringen konnte. Und wenn wir über das Rahmenprogramm einer Tagung für Führungskräfte nachdenken, sind wir uns bewusst, dass diese Maßnahme auf den Visionsaspekt »Erleben« einzahlt und weit mehr als ein beliebiges Beisammensein bedeutet.

Eine formulierte Vision mit klaren Zielsetzungen ist also **Richtungsanzeige** und gleichzeitig die **Eingrenzung** für Entscheidungen. Eine Entscheidung wird sich dann immer an einer Frage messen lassen: Hilft sie uns, unser großes Bild und die damit verbundenen Ziele zu erreichen? Dazu ist es wichtig, die Vision, ihre Ziele und auch das bereits Geschaffte mehrmals im Jahr in den relevanten Gremien den Mitarbeitern zu präsentieren, zu erinnern, zu wiederholen. Damit alle stets den Bezug aufrechterhalten, wohin die Reise geht. Diese regelmäßige Erinnerung ist umso wichtiger, je größer das Unternehmen wird. Wie viele ambitionierte Visionen sind schon in der Höhenluft einer Chefetage verkümmert, weil niemand sich dazu berufen fühlte, ihnen über alle Stockwerke hinweg Resonanz zu verschaffen!

Daher besprechen wir Vision, Ziele und Ergebnisse bei der Zusammenkunft der Mitglieder des großen Führungskreises. Einmal jährlich stelle ich sie den Mitarbeitern in der Zentrale im Rahmen unseres Infotages vor. Zweimal pro Jahr setzt sich unser Management-Board mit dem Stand auseinander und diskutiert über weitere Strategien und Entscheidungen zur Erreichung der Ziele. Und einmal im Jahr thematisieren wir die Ziele und unseren Fortschritt im Rahmen unseres Strategiemeetings. Die Vision begleitet uns stets.

Mitunter wird die Bedeutung von Visionen für den Erfolg des Unternehmens und die Leistungsbereitschaft der Mitarbeiter bezweifelt. Dem widerspricht eine Studie des Zentrums für Arbeitgeberattraktivität, der zufolge unter anderem ein inspirierender Führungsstil eine zentrale Rolle spielt: »Dabei bietet die Führungskraft eine sinngebende Vision an, in der die Mitarbeitenden das Warum ihrer Arbeit erkennen.«[11]

11 »Leadership der Zukunft – Zwischen Inspiration und Empowerment«. Studie des Zentrums für Arbeitgeberattraktivität (zeag GmbH) in Zusammenarbeit mit der Universität St. Gallen, Konstanz 2018, https://www.topjob.de/New_Leadership

Das Sparring-Prinzip

Auch ganz oben geht noch mehr

Angst ist kein guter Ratgeber. Sie verengt das Blickfeld auf eine bevorstehende Bedrohung und hindert daran, Handlungsoptionen zu erkennen und wahrzunehmen. Unternehmertum aber braucht Panoramablick und Mut, Augenmaß und gutes Bauchgefühl. So lassen sich **mutige Entscheidungen** treffen. Solche Entscheidungen bereite ich gerne im Dialog vor. Ich schätze es, mich dabei mit Kollegen und externen Profis auszutauschen, kritische Fragen zu stellen, Bedenken und Machbarkeiten gleichermaßen in den Raum zu stellen und das Gesamtbild gemeinsam zu betrachten.

Die unterschiedlichen Positionen abzuwägen, die richtigen Prioritäten zu setzen, sich schließlich für einen Weg zu entscheiden – das ist eine der größeren Herausforderungen, der sich eine Top-Führungskraft stellen muss. An der Unternehmensspitze geht es ja weniger um einfachere Alltagsentscheidungen. Wir machen uns vielmehr Gedanken über Weichenstellungen mit großer Tragweite für das ganze Unternehmen. Mit Konsequenzen für eine Vielzahl von Beschäftigten – und mit Entscheidungen, die hohe Kosten, aber auch hohe Gewinne mit sich bringen können.

Da führen falsche Entscheidungen schnell zu großen Belastungen für das Unternehmen. Umgekehrt hinterlassen richtige Entscheidungen deutliche Spuren bei Wachstum und Ertrag. Um hier möglichst viel richtig und möglichst wenig falsch zu machen, setze ich neben dem Austausch mit internen Fachleuten und Führungskräften auf das Gespräch mit beratenden Profis. So wie ein afrikanisches Sprichwort sagt: **Wenn du schnell gehen willst, dann gehe alleine. Wenn du weit gehen willst, dann gehe mit anderen zusammen.**

JUNIOR UND SENIOR

Als ich unser Unternehmen 1996 übernahm, hatte ich zwei ehemalige Konzernführungskräfte beratend und unterstützend an meiner Seite. Beide kamen aus international tätigen Unternehmen, beide waren im Vorruhestand, noch topfit und unglaublich emphatisch. Sie setzten sich mit großer Energie für mich ein und halfen mir als jungem Unternehmer, meine neuen Anforderungen zu bewältigen und Fehler möglichst zu vermeiden. Außerdem kümmerten sie sich um wichtige Aufgaben, für die ich weder genug Zeit noch ausreichend Wissen besaß. Sie waren zwar »extern«, aber sie fühlten sich mit mir und dem Unternehmen eng verbunden, und ich behandelte sie wie Kollegen.

Diese beiden erfahrenen Herren zeigten mir, wie man Kennziffern aufsetzt und die wichtigsten Zahlen im Auge behält. Sie halfen mir bei schwierigen Preisverhandlungen, bereiteten Projektaufgaben strukturiert vor. Und sie berieten mich, welche Antworten und Gegenfragen ich vorzubringen hatte, um in brisanten Situationen vom Kunden nicht an die Wand verhandelt zu werden. Im Unternehmen gingen sie ein und aus und waren bekannt und anerkannt. Ich war damals und bin heute noch froh und dankbar für diesen operativen Beistand während meiner ersten Jahre als Unternehmer, was ich ihnen gegenüber auch immer wieder zum Ausdruck brachte.

ALS UNTERNEHMER BRAUCHT MAN EINEN COACH

Ganz oben wird die Luft dünner und die Einsamkeit größer. Das erleben Führungskräfte – vom großen Konzern bis zum kleinen Mittelständler – besonders, wenn das Unternehmen wächst und der Abstand zu einstmals engen Kollegen stetig größer wird. Dann gibt es immer weniger **Vertrauenspersonen**, mit denen man sich über die schwieriger werdenden Themen völlig offen austauschen und auch über die eigenen Unzulänglichkeiten sprechen kann. Wie aber soll man sein Unternehmen und sich selbst weiterentwickeln, wenn dieser Austausch fehlt? Deshalb tun Unternehmer und Top-Führungskräfte gut daran, erfahrene Menschen mit ausgewiesener Expertise und ohne Betriebsblindheit einzubinden, gleich ob man noch junge Führungskraft oder schon erfahrener Entscheider ist!

Als junge Führungskraft suchte ich nach Antworten auf die Frage, wie ich mich selbst und meine Mitarbeiter führen sollte. Dazu bedurfte es eines professionellen Inputs von außen. Zunächst arbeitete ich mit einer **Beraterin**, die mir wertvolle neue Impulse für meinen unternehmerischen Weg gab und mit mir gute Tools sowie den Blick für das Personal entwickelte, unter anderem anhand eines immer besser werdenden Organigramms.

Nach zwei, drei Jahren sehnte ich mich nach einem **neuen Level**. Auf einem Seminar lernte ich einen Referenten kennen, der Banken, Verbände und große Marken beriet. Obwohl unser Unternehmen seinerzeit dagegen eher klein war, ging ich nach dem Vortrag auf ihn zu. Ich fragte ihn, ob er auch KMU mit seiner Erfahrung unterstützen würde. Er bot mir einen Termin an, bei dem wir gemeinsam den Beratungsbedarf klären würden.

Es stellte sich dabei heraus, dass von der Marktbearbeitung über das Personalkonzept, die Systeme und das Finanzwesen bis hin zur Führung vieles zu strukturieren und zu verbessern war. Um im Bild dieses Buchs zu bleiben: An allen fünf Stationen der Lemniskate wartete ein großer Berg von Arbeit! Als Voraussetzung für die Zusammenarbeit formulierte ich eine klare Bitte an ihn: »Erstellen Sie keine McKinsey-Dossiers, die mir lauter To-dos vorgeben, verstehen Sie sich lieber als **Kümmerer** und Mit-Umsetzer.«

Mein Berater packte es damals mit mir an. Und bis heute ist er mein Wegbegleiter geblieben – und auch der von einigen Kollegen geworden. Er hat viele der Tools und Taktiken, die ich in diesem Buch beschreibe, in unser Unternehmen eingebracht. Ich bin froh, diesen »Fels in der Brandung« an meiner Seite zu haben. Mit ihm kann ich Themen besprechen, die mich nachts nicht schlafen lassen. Er hilft mir, mit seinem anderen Blickwinkel bessere Entscheidungen zu treffen, und unterstützt mich dabei, unser Unternehmen gesund und wachstumsfit zu halten.

Ein befreundeter Unternehmer, selbst Chef von rund 100 Mitarbeitern, schätzte meine Entwicklung und interessierte sich selbst für diesen Weg. Doch die Tagessatzkosten eines solchen Beraters hielten ihn ab. Dafür habe ich absolutes Verständnis. Denn es fühlt sich nicht gut an, wenn man nicht genau weiß, welchen Gegenwert man für das Geld wirklich bekommt. Für mich galt und gilt aber heute noch: Wer wagt, gewinnt. Ich habe es ausprobiert – und es hat gepasst. Die unglaubliche **Hebelwirkung der Beratung** hat im Unternehmen zu wertvollster Veränderung und **Professionalisierung** geführt. Ohne diesen Input wäre unser Wachstum so nicht denkbar gewesen oder vielleicht sogar gescheitert.

Es lohnt sich auf Dauer, in die Zusammenarbeit mit den richtigen Sparringspartnern Geld zu investieren. Ich bin durch sie als Unternehmer und Mensch gereift, habe viele Erkenntnisse gewonnen und meinen **Horizont erweitert**. Auch wenn ich heute schon auf der Seite der Erfahrenen stehe, möchte ich diese externe Expertise nicht missen. Ich bin überzeugt, dass Unternehmenswachstum besser gelingt, wenn es methodisch von einem erfahrenen Berater begleitet wird. Davon profitieren unmittelbar auch die Kunden und Mitarbeiter!

BEIRÄTE – PROFIS FÜR PROFIS

Für Start-ups gibt es »Business Angels« – seniorige Unternehmer oder ehemalige Führungskräfte, die den Jungen für wenig Geld mit ihrer Erfahrung und mit viel Freude am Unternehmertum zur Seite stehen. Auch etablierte Unternehmen können in ihrer Entwicklung von der fachlichen Expertise von externen Praktikern profitieren. Wir nennen sie »Beiräte«. Ihre Tätigkeit geht weit über die reine Beratung hinaus.

Sie bekommen Aufgaben, Projekte, Kompetenzen und Budgets. Und je nach ihrem Aufgabenschwerpunkt treten sie auch als Vertreter des Unternehmens auf und führen Gespräche oder Verhandlungen mit Geschäftspartnern. Als etwa vor einiger Zeit ein englisches Unternehmen bei uns anfragte, ob wir mit ihm kooperieren wollten, übernahm einer unserer Beiräte diesen Vorgang. Während seiner aktiven Berufszeit hatte er eine Zeit lang in Großbritannien gelebt. Er kannte sich immer noch bestens mit der dortigen Marktlage aus, sprach verhandlungssicheres Englisch und war mit den Gepflogenheiten britischer Geschäftspartner vertraut. Eine bessere Besetzung für diese Aufgabe hätten wir uns nicht wünschen können – und vermutlich auch nicht leisten wollen!

Beiräte sehen wir als **Teil des Unternehmens** an, ebenso wie Führungskräfte und Mitarbeiter. Sie sind intern bekannt, gestützt und vernetzt. Die Zeit, die sie aufbringen, lässt sich nicht immer als hoch produktiv und rein ergebnisorientiert betrachten, auch daher wären externe Berater dafür zu teuer. Unsere Beiräte kommen eher von außen, nur manchmal aus dem Unternehmen selbst. Entscheidend ist, dass sie aus dieser Tätigkeit nicht ihr Grundeinkommen erwarten. Daher sind sie meist vor oder im Ruhestand.

Wir vergüten ihre Leistung fair, aber Geld spielt für sie eine Nebenrolle. Bei hauptberuflichen Beratern ist diese Einstellung verständlicherweise anders. Sie arbeiten mit Tagessätzen, von denen sie ihren Lebensunterhalt bestreiten und ihr Büro bezahlen müssen. Sätze, die ich in diesem Ausmaß aber für diese Tätigkeiten nicht bezahlen möchte. Ihre Ergebnisse und Effizienz müssten zudem genauer abgefragt, sie müssten enger gesteuert und weniger häufig eingesetzt werden. Auf diese Weise würden sie nur bedingt mit unserem Unternehmen, unseren Mitarbeitern und unseren Abläufen vertraut werden. Unsere Beiräte dagegen sind dies sehr wohl. Sie nehmen an unseren wichtigen Meetings teil, sitzen in operativen Gremien, kennen unsere Zahlen, die Personalsituation, Kunden und Prozesse aus vielen Gesprächen. Deshalb ist ihre **Akzeptanz** im Unternehmen groß, und ihre Dienste sind hoch geschätzt.

Bleibt schließlich noch die Frage, mit welchen Personen und Kompetenzen ein Beirat besetzt sein sollte. Je nach Unternehmensgröße können es zwei bis fünf Erfahrungsträger sein, die verschiedene

Handlungsfelder besetzen. Dabei kann ein und derselbe Beirat je nach Eignung durchaus auch in zwei Feldern (zum Beispiel Kunde/Strategie) agieren.

In der folgenden Übersicht (S. 308/309) haben wir das Profil des Beirats in dem jeweiligen Kompetenzfeld zusammengefasst. Es ist sofort erkennbar: Die Bereiche sind angelehnt an unsere Lemniskate.

BEIRÄTE ALS CHANCE FÜR JUNGE CHEFS

Für ein wachsendes Unternehmen hat mich der Mix aus Dynamik und Seniorität, aus jungen, mutigen Machern und ruhigen, erfahrenen Führungspersönlichkeiten immer überzeugt. Und ich weiß aus eigener Erfahrung, wie hilfreich dieses Sparring-Prinzip ist – gerade auch dann, wenn ein Generationenwechsel im Unternehmen ansteht. Als ich nämlich den Staffelstab von meinem Vater übernommen habe, war mir zwar wichtig, selbst schnell entscheiden zu können, aber bei der Entscheidungsfindung doch nicht alleine zu sein.

Mein Vater hat seine Übergabe als Rückzug anerkannt und mir so den nötigen Raum für neue Ideen und eigene Erfahrungen geschaffen. Das hat mir die Lust am Gestalten gegeben. Gleichzeitig durfte ich – wie oben ausgeführt – auf die Erfahrung von zwei Beiräten zurückgreifen. Ich verstand mich mit diesen sympathischen Mitgestaltern hervorragend. Sie waren nach einer Anlaufzeit auch zu *meinen* Vertrauten geworden, nicht mehr nur die meines Vaters. Und sie haben meinen Wachstumsdrang mit Ruhe und Erfahrung in die richtigen Bahnen gelenkt. Vor dieser Art der Übergabe habe ich noch heute höchsten Respekt.

Profil Beiräte

	Kunde/Markt	Strategie/M&A
Zielsetzung	Neukundengewinnung und Entwicklung neuer Märkte	(Mit-)Entwicklung der Langfriststrategie sowie Zuwachs durch Übernahmen
Aufgaben	Analysiert die externen Marktkräfte (Kunden, Wettbewerber, Lieferanten, Benchmarking und anderes) Berät und begleitet große Ausschreibungen Ist an der Entwicklung neuer Dienstleistungen beteiligt Analysiert und beschreibt Kundenbedarfe aufgrund von Markttrends/-analysen Entwickelt Kundenbindung/-entwicklungsmaßnahmen Berät bei der Preisgestaltung und bei der Ausgestaltung der Liefer- und Zahlungsbedingungen	Analysiert die internen Unternehmensressourcen (Portfolio, SWOT, Kernkompetenzen und anderes) Berät und begleitet M&A-Aktivitäten (vom Target Screening über die Due Diligence bis zur Post Merger Integration) Implementiert geeignete Strategietools und steuert das Monitoring Entwickelt neue strategische Geschäftsfelder und Diversifikationsmöglichkeiten Analysiert Rationalisierungspotenziale Berät bei der konzeptionellen und strategischen Positionierung der Firma im internationalen Umfeld
Anforderungen/ Kompetenzen	Versteht Konzerndenken/-strukturen Verfügt über ein etabliertes Netzwerk (Kunden, Verbände, Lieferanten) Erfahrung im Tender-Management Umfassende Branchenkenntnisse Interkulturelle Sensibilität und Auslandserfahrung Englischkenntnisse (verhandlungssicher)	Beherrscht Strategietools und deren Implementierung Verhandlungs- und Transaktionserfahrung Erfahrung in Organisationsentwicklung und Change Management Hohe Moderationsfähigkeit Ausgeprägte analytische und konzeptionelle Fähigkeiten Englischkenntnisse (verhandlungssicher)

Finanzen/Controlling/Anlagen	Produktion/Technik	Personal/HR
Wertsteigerung des Unternehmens, gesunde Finanzen	Steigerung der Wirtschaftlichkeit (Effizienz) und Modernität	Steigerung der Mitarbeiterbindung sowie Sicherstellung von Personalkapazitäten auf allen Ebenen
Analysiert und bewertet den finanziellen Geschäftsverlauf Berät hinsichtlich renditestarker Finanzanlagen (zum Beispiel der »Kriegskasse«) Optimierung und Weiterentwicklung der internen und externen Finanz- und Reportingprozesse (Kennziffernauswahl) Erstellt EBIT-orientierte Bilanzierung Entwickelt Maßnahmen zur Ergebnissicherstellung und Ertragssteigerung Durchführung von Analysen und Wirtschaftlichkeitsberechnungen auf Basis der Kostenstellen Analysiert und optimiert Zahlungsströme	Analysiert Prozessabläufe in der Produktion inklusive Technikeinsatz Entwickelt geeignete Produktionsverfahren und berät hinsichtlich Investitionsoptionen Entwickelt Konzepte zur Optimierung der Automatisierung Analysiert Kooperationsmöglichkeiten mit VPM-Herstellern und initiiert diese Prozessoptimierung ReFa Beratung und Begleitung in Qualitäts- und Zertifizierungsprojekten	Wirkt an der Weiterentwicklung des strategischen und operativen Personalmanagements mit Berät und wirkt mit bei der Ausschreibung und Bewerberauswahl, dem Onboarding-Prozess und eventuell Coachingmaßnahmen für neu zu besetzende Stellen von Fach- und Führungskräften Berät bei der Optimierung der Rekrutierung und Disposition von Produktionspersonal Berät bei besonderen personal- und arbeitsrechtlichen Fragestellungen Berät und unterstützt das Management bezüglich Organisationsentwicklung, Personalpolitik sowie Change-Management-Prozessen Unterstützt die Transformation wesentlicher Unternehmensanforderungen in HR-Anforderungen Initiiert, wirkt mit und evaluiert HR-Projekte (zum Beispiel im Rahmen der Digitalisierung)
Langjährige Erfahrung im Bereich Finanzen und Controlling Fähigkeit zur Entwicklung und Steuerung relevanter Finanzkennzahlen Erfahrung im Bereich Treasury und Tax Erfahrung im Mittelstand (inhabergeführt) Erfahrung in der Wirtschaftsprüfung Hohe Analysefähigkeit Sehr gute Excel-Kenntnisse	Erfahrung in der Leitung eines Produktionsbetriebes Erfahrung mit der Entwicklung und Implementierung von QM-Systemen Erfahrung mit Supply-Chain-Prozessen Hohe Zielorientierung, lösungsorientierte Handlungsweise Methodenwissen in der Produktion (zum Beispiel Lean Production, KVP) Überzeugungsstark	Langjährige Erfahrung in Personalmanagement und Führung Umfassende Kenntnisse im Arbeits-, Sozial- und Tarifrecht Erfahrung in der Personalentwicklung vor allem im Bereich der Führungskräfte Kenntnisse über die Möglichkeiten der Personalbeschaffung und -planung Ausgeprägte kommunikative Fähigkeiten und soziale Kompetenzen Erfahrungen im Bereich Employer Branding

DYNAMISCHE KONSTANZ

Mittlerweile haben wir – zunächst drei, später vier Geschäftsführer – rund zwei Jahrzehnte Erfahrung in der Geschäftsführung dieses Unternehmens. Solche **Kontinuität** an der Unternehmensspitze ist ein gewichtiges Argument für gekonntes Wachstum. Wie viele Unternehmen zerfallen, weil es im obersten Management bröckelt. Wir sehen es als einen Glücksfall an, für den wir aber auch viel getan haben und tun, um mit konstruktiver Einigkeit unseren Mitarbeitern Orientierung und Halt zu geben. Mit Respekt, beinahe freundschaftlichem Verständnis und gutem Zusammenhalt.

Man könnte einwerfen, lang anhaltende Zusammenarbeit berge die Gefahr, sich abzunutzen. Bei uns trifft das nicht zu, im Gegenteil: Wir achten darauf, dass uns viele emotionale und **positive Erlebnisse** verbinden, dass wir auch schwere Zeiten als gemeinsam zu bewältigende Aufgabe erkennen und daraus im Team gestärkt hervorgehen. So haben wir eine Stufe der gegenseitigen Verlässlichkeit erreicht, um die man uns beneiden darf. Was übrigens auch bei unseren Mitarbeitern als stabile Konstante geschätzt wird; kein ewiger Zwist der Chefs untereinander, der sich dann auch negativ auf die Energie in anderen Ebenen auswirken würde.

FIT FOR FUTURE DURCH SPARRING

In unserem Unternehmen steht die nächste Phase (»Phase 5«) an, eine neue Ausrichtung zwischen 2021 und 2025. Dies wird ein ebenso spannendes Kapitel werden wie die vorherigen Etappen unseres Unternehmenswachstums. Erste Ideen sammelten wir bereits Ende 2018 im Rahmen unserer regelmäßigen Strategietage ganz unkompliziert und in lockerer Runde: Mit Post-its, auf denen Stichwörter standen, beklebten wir ein Flipchart unter dem Stichwort »2025«. Später clusterten wir die Stichpunkte und erarbeiteten acht Zieloberbegriffe, darunter Innovation, Nachhaltigkeit und Führung.

Um unser Geschäftsmodell robust zu halten, suchen wir auch im Zeitalter der Digitalisierung nach **neuen Impulsen** und Ideen in puncto Unternehmen 4.0. In einem Workshop mit Start-ups in Berlin im Frühjahr 2020 stehen uns junge Unternehmer und erfahrene Profis als **Sparringspartner** zur Seite. Als Juroren unserer Geschäftsideen und Impulsgeber wirken sie mit, uns auf ein neues Level zu hieven. Sparring funktioniert auch in dieser Form.

AUS- UND WEITBLICK

Wir haben unsere Erfolgsgeschichte definitiv noch nicht zu Ende geschrieben und tragen Freude und Überzeugung in uns, neue Wege und Herausforderungen anzugehen. Und wir sind uns bewusst, dass wir unser Wissen und unsere Erfahrungen teilen müssen, um das dauerhafte Vorankommen des Unternehmens zu sichern. **Langfristige Planung** ist Teil von gekonntem Wachstum. Langfristig zu denken bedeutet, frühzeitig zu strukturieren. Das kann für uns vier Geschäftsführer und auch einige sehr erfahrene Führungskräfte der zweiten Ebene bedeuten, sich in einer der kommenden Fünf-Jahres-Phasen um die Veränderung der eigenen Tätigkeit zu kümmern.

Um nämlich weder als Unternehmer noch als Top-Führungskraft zu einem Flaschenhals zu werden, gilt es, behutsam **junge Talente** in die entsprechenden Positionen zu bringen, ihre Fähigkeiten zu verbessern und sie bei den herausfordernden Führungsaufgaben zu begleiten. Sie langfristig zu loyalen und agilen Spitzenführungskräften mit hohem Verantwortungsbewusstsein zu machen. Das heißt, ihnen den Weg zu bereiten, ihr Wissen zu mehren und sie mental zu stärken. Auch in diesen Phasen der Unternehmensentwicklung bedeutet das, Verantwortung zu übertragen und loszulassen, um den neuen Top-Performern den Schub und Elan zu verleihen, wie wir ihn in unseren Anfangszeiten verspürt haben und der uns heute noch beflügelt. Das wird gelingen. Und wir werden auf unseren oben beschriebenen **Mix aus Dynamik und Erfahrung** achten. Dann agieren irgendwann die heutigen Geschäftsführer als Coach, Beirat oder Sparringspartner und damit als die besten Begleiter in künftigen Phasen von quantitativem oder qualitativem Wachstum.

Schlussrunde

Ihre Gewinnerprinzipien für die Station
»Führung«

Gekonntes Wachstum gelingt, wenn

... die Führungsspitze gemeinsam Entscheidungen trifft.

... sie dem Unternehmen dient und bei Bedarf auch selbst Lücken füllt.

... die Führungsspitze die Unternehmenswerte vorbildhaft lebt.

... sie mit visionären Perspektiven Orientierung und Motivation schafft.

... sich die Führung beratende Helfer an Bord holt und irgendwann selbst diese Rolle übernimmt.

Das Unternehmen Packservice

Thomas saß auf dem Beifahrersitz und schwieg. Merkwürdig, dachte ich, sonst ist er doch so begeisterungsfähig. Ich stoppte den Wagen vor einer Ampel. Plötzlich schoss es aus ihm heraus: »Wir könnten es die 5x5-Strategie nennen! Und außerdem solltest du das mal in einem Buch zusammenfassen. Das ist ein wirklich guter Stoff für Führungskräfte und Unternehmer.« Die Ampel sprang auf Grün. Die Idee für dieses Buch war geboren. Danke, Thomas!

Das Ergebnis halten Sie in den Händen. Ein Buch, das anlässlich unseres 40-jährigen Firmenjubiläums nicht das *Was* einer Unternehmensentwicklung chronologisch nacherzählt, sondern vom *Wie* des erreichten Erfolgs berichtet.

Die Philosophie, die hinter dem Unternehmen (und dem Unternehmer) steht, heißt

- gesundes **Wachstum**, in Reife und Größe gleichmäßig,
- **Kontinuität** an der Spitze und den wichtigen Positionen der Fach- und Führungskräfte – und auch im Denken (nicht ständig alles umgraben),
- **persönliches** Miteinander (zwischen Mitarbeitern und mit Kunden),
- **sympathische**, bodenständige Ausstrahlung erhalten.

Rückblickend denke ich: Es ging doch ganz einfach. 1996 stieg ich in das elterliche Unternehmen für Verpackungsdienstleistungen ein und übernahm es nach fünf Jahren als Gesellschafter, vergrößerte weitere fünf Jahre später das Führungsteam und sorgte fortan dafür, dass alle Unternehmensbereiche dem Wachstum standhielten. Heute kann ich sagen, es war definitiv nicht immer leicht! Aber wir haben einen vitalen Branchenführer geschaffen (www.packservice.com), der sich das Vertrauen der bekanntesten Marken, die wohl jeder aus dem Drogerie- oder Supermarktregal, aus der Apotheke, vom Schreibwaren- oder Getränkehändler kennt, verdient hat.

VERPACKUNGSKÜNSTLER

Attraktive Produkte am Point of Sale im Handel noch attraktiver zu machen, das ist unsere Mission: eine Flasche Kräuterlikör mit einem aufgesteckten Glas gratis dazu. Oder ein ins Auge fallender Aufsteller voller Schokolade, der neben dem Regal steht. Ein Doppelpack eines Shampoos mit einer Spülung zum Sonderpreis. Oder ein Deo, das mit Rasierschaum und Handcreme derselben Marke im praktischen Kulturbeutel verkauft wird – ein Set, das zum Zugreifen einlädt. Die Idee ist es, den Artikeln unserer Kunden einen Mehrwert zu geben, der sie zu etwas Besonderem macht. Durch unsere Dienstleistung fällt ein Produkt im Handel besser ins Auge, wird es für Verbraucher attraktiver und von ihm eher gekauft als das Konkurrenzprodukt. So unterstützen wir unsere Kunden für einen besseren Absatz.

Solche Verpackungsdienstleistungen bieten wir seit 1980 an, als meine Eltern das Unternehmen gegründet haben. Wir bewältigen mit viel manueller Tätigkeit verbundene Aufgaben, die sich täglich ändern. Ob Adventskalender, Doppelpack, Riesendisplay oder Säckchen mit Schleife – unsere Mitarbeiter erwartet jeden Tag Neues.

Als ich das Unternehmen 1996 übernommen habe, war Packservice – die Namensfindung geht auf meinen Vater zurück – noch regional orientiert und hatte einige wenige Kerndienstleistungen. Die Weichen auf Weiterentwicklung musste ich damals stellen und dabei erkennen, wie viel besser es ist, zunächst respektvoll Fragen zu stellen als gleich loszulegen und vorzuschreiben. Besser und größer zu werden war wichtig für den Erhalt des Unternehmens. Und spätestens seit der

315

Jahrtausendwende nahm mit der Einstellung zweier Top-Manager unser Wachstum richtig Fahrt auf.

Wir bieten inzwischen auch Beratung, Verpackungsentwicklung und den gesamten Beschaffungsprozess an, zum Beispiel für Displays, jene Pappaufsteller, in denen Saisonwaren und neue Produkte im Handel gerne präsentiert werden. Darüber hinaus haben wir mit dem Ausbau der Textilveredelung sowie dem Einstieg in die Personaldienstleistung, den Montageservice und die Herstellung von maßgeschneiderten Verpackungen aus Wellpappe (www.flexpack.de) weitere Standbeine geschaffen. Dieses breit gefächerte Dienstleistungsportfolio ist Spiegel unserer Wachstumskraft. Ebenso die Tatsache, dass wir in weniger als 20 Jahren Umsatz, Mitarbeiter und Standorte mehr als verzehnfacht haben.

Wachstum war und ist bei uns jedoch nie Selbstzweck, sondern dient vielmehr der Unabhängigkeit. Außerdem ist unsere beständige Expansion die Bestätigung, dass wir unsere Arbeit gut machen. Im Rückblick habe ich erkannt, dass sich unser Unternehmen in nahezu regelmäßigen Fünf-Jahres-Zyklen weiterentwickelt. Meine erste Phase (1996–2001), in der ich das Unternehmen kennenlernte und es ausbaute, nenne ich die »Phase 0«. Die Zeit der Unternehmensgründung und des Aufbaus durch meine Eltern, die Entwicklung von Packservice unter der ersten Generation (1980–1995), erhält den Titel »Gründerphase«.

PHASE 1 (2002–2006)

Mit zwei weiteren Geschäftsführern und motiviert durch einen Unternehmenskauf, der Gründung des ersten Auslandsstandorts in Österreich und unseres ersten CoPacking-Inhouse-Modells bei einem großen Logistiker war das Unternehmen auf unbedingten Wachstumswillen gepolt.

PHASE 2 (2007–2011)

Unsere erste formulierte Fünf-Jahres-Vision zielte darauf, den Umsatz zu verdoppeln. Das Unternehmen war schon gut organisiert und auch mithilfe eines Beraterbeirats strukturell und methodisch fit gemacht. Wir kauften ein Unternehmen in NRW, eröffneten neue Geschäftsbereiche sowie Standorte und riefen die PS Akademie für die Weiterbildung der Mitarbeiter ins Leben. Schon ein Jahr früher als geplant erreichten wir die Ziele unserer Vision. Das Unternehmen war weiterhin auf klarem Wachstumskurs.

PHASE 3 (2012–2015)

Unsere neue Leitlinie setzte mehr auf qualitatives als auf quantitatives Wachstum: auf den Ausbau der Personalstruktur (wir zogen eine neue Führungsebene in das Unternehmen ein, die Regionalmanager), auf Produktivitätsoptimierung und den Ausbau der Qualitätsmanagementsysteme sowie der IT. Dennoch eröffneten wir einen neuen Auslandsstandort in der Schweiz und bauten weitere neue Bereiche auf, unter anderem das Kompetenzcenter »Verpackungsentwicklung«.

PHASE 4 (2016–2020)

In dieser Phase starteten wir wieder durch. Mit dem Ziel, neue Dienstleistungen anzubieten, gründeten wir ein Unternehmen zur Packmittelherstellung. Wir riefen ein Umsatzwachstum von 40 Prozent aus (klingt weniger als die »Verdoppelung« aus 2007, ist in Euro beziffert, aber ähnlich anspruchsvoll!). Außerdem bereiteten wir die Expansion in ein viertes Land vor, beriefen aus dem Kreis der Führungskräfte einige Prokuristen und installierten das neue »Management-Board«. Dieses Gremium unterstützt die Arbeit der Geschäftsführer mit strategischem und operativem Input.

Und als Perspektive:

PHASE 5 (2021–2025)

Eine neue Ära in Zeiten der Digitalisierung (Industrie 4.0), in der es auch gilt, das Geschäftsmodell auszubauen und neue Geschäftsfelder zu erkunden. Wir konzentrieren uns auf die Ergänzung der Führungsmannschaft, um den ausgewogenen Mix von Erfahrung und frischen Ideen, von Seriosität und Dynamik zu wahren. Unsere Firmengröße darf noch einmal maßvoll zulegen, solange der Spagat zwischen Größe und Persönlichkeit machbar ist.

DIE KRAFT DES TEAMS

Packservice ist nur deswegen ein vitales Unternehmen, weil in ihm wertvolle Menschen arbeiten: mit überdurchschnittlichem Engagement, hoher Identifikation und Lust auf eine gute Arbeitswelt. Auf meine beiden Länderchefs Oliver Fischer (Deutschland/Schweiz) und Joachim Kratschmayr (Österreich) ist die enorme Entwicklung in der Operativen zurückzuführen. Sie haben es verstanden, die richtigen Mitarbeiter zu einem schlagkräftigen Team zu formen. Sie zu fordern und zu fördern – mit Wertschätzung und Freiraum. So können stolze Unitleiter und Regionalmanager in »ihrer« Firma gestalten und Ergebnisse erzielen. Mein Geschäftsführer der Zentrale, Lutz Häring, versteht es, mit besonnener und stetiger Hand, die gewissenhaften und die innovativen Bereichsleiter und deren Teams zu koordinieren. Dankbar und stolz schaue ich auf unsere großartige Belegschaft, meine Stabsmitarbeiter und die Verantwortungsträger und Impulsgeber unseres Unternehmens.

Danke

Karen Christine **Angermayer** (Radolfzell), die mir immer wieder Mut und Lust am Schreiben vermittelte und meinen Texten die richtigen Impulse gab.

Gundula **Englisch** (München) für die sehr gut gestellten Interview-Fragen, die knackigen Textvorlagen und passenden Studien. Dagmar **Deckstein** (Stuttgart), von der ich das Wort »Verschwurbelungen« lernte, für die Text-Entschärfungen. Chapeau, Christoph **Schulz-Hamparian** für die spritzigen Illustrationen.

Meinem Onkel Harald **Ludwig** (Frankfurt), der mir 1985 das Buch *Sag es treffender* von A. M. Textor schenkte, das mir auch 35 Jahre später gute Dienste leistete. Joe **Müller** (Hamburg), mein konstruktiver Begleiter in jeder Phase, vor allem als Strukturpapst und aufmerksamer Sparringspartner. Heribert **Voss** (Baden-Baden) und Dustin **Freund** (Karlsruhe) als kritische Leser und Feedbackgeber mit so wichtigem Input. Harald **Joos** (Abtsgmünd) und Boris **Grundl** (Trossingen), deren Überzeugungen und wertvollen Tools mich reifen ließen.

Meiner Frau Claudia **Spiering**, die mit ihren klaren Botschaften und hartnäckigen Fragen viele Beschreibungen deutlicher werden ließ. Und mich viele Tage, Abende und Wochenenden nur für dieses Buch leben sah.

Prof. Thomas **Lehning** (Karlsruhe/Stuttgart), als Vater der Idee, ein Buch zu schreiben. Für die stimulierenden Ideen und Ansätze! Prof. Axel **Schaffer** (München) für die heißen Diskussionen um Themen der Resilienz und Wirtschaft.

Meinen Eltern Waltraud und Paul **Spiering** für das Vertrauen und die Möglichkeit, ein Unternehmen zu entfalten und in der zweiten Generation zu führen.

Und insbesondere meinem Team der Geschäftsführung der Packservice-Gruppe, Oliver **Fischer** (Karlsruhe), Joachim **Kratschmayr** (Wien) und Lutz **Häring** (Karlsruhe), die die Firmenentwicklung erst zu dem gemacht haben, was sie heute ist. Und die mich inspirierten, unterstützten und mir den Rücken frei hielten, um mir Zeit für dieses Buch nehmen zu dürfen.

Register

Über den Autor

Ralph Spiering ist Inhaber der Packservice Gruppe mit Sitz in Karlsruhe. Das Unternehmen ist auf hochwertige Verpackungs-dienstleistungen für Markenar-tikel spezialisiert. 1996 ist er ins Familienunternehmen eingestie-gen, damals mit rund 100 Mitar-beitern an drei Standorten. Inzwischen hat die Firma 30 Standorte mit über 1000 Mitarbeitern in Deutschland, Österreich und der Schweiz.

Foto: © Packservice, Fotograf Jan Bürgermeister/fotostate

Klimaneutral
Druckprodukt
ClimatePartner.com/12752-1803-1001

Zum Ausgleich für die entstandene CO_2-Emission bei der Produktion dieses
Buches unterstützen wir die Erhaltung und Wiederaufforstung des Kibale-
Nationalparks in Uganda. Das Projekt trägt zum Klimaschutz bei, indem
die Bäume bei der Fotosynthese Kohlenstoff aus der Luft binden, es schützt
die Biodiversität des tropischen Waldes und sichert 260 Arbeitsplätze.

Bibliografische Information der Deutschen Nationalbibliothek
Die Deutsche Nationalbibliothek verzeichnet diese Publikation
in der Deutschen Nationalbibliografie; detaillierte bibliografische
Daten sind im Internet über http://dnb.dnb.de abrufbar.

Print: ISBN 978-3-648-13852-6, Bestell-Nr. 10530-0001
ePDF: ISBN 978-3-648-13853-3, Bestell-Nr. 10530-0150

Ralph Spiering
GEKONNT WACHSEN
1. Auflage 2020
© 2020 Haufe-Lexware GmbH & Co. KG, Freiburg
www.haufe.de
info@haufe.de

Layout/Grafik: Christoph Schulz-Hamparian
Druck und Bindung: Steinmeier GmbH & Co. KG, Deiningen

Dieser Titel ist ein Produkt der Reihe
»Professional Publishing for Future and Innovation by Murmann & Haufe«
Weitere Informationen zum Murmann Verlag finden Sie unter
www.murmann-verlag.de